U0247961

光 明 城

LUMINOCITY

看 见 我 们 的 未 来

感谢乐施会提供研究及出版支持

食材天成

河北涉县旱作石堰梯田
作物文化志

贺献林 等著

撰稿
贺献林、李管奇、张艳艳、田秘林、王海飞、刘国香、贾和田
李彦国、王林定、刘玉荣、李为青

资料收集与调查
涉县旱作梯田保护与利用协会
曹肥定、李同江、王志勤、付书勤、王引弟、李分梅、张景峦
王景莲、王翠莲、刘建利、李纪贤、王春梅、刘未勤、王巧灵
李勤彦、李丽巧、王月梅、李志红、付社虫、王军香、刘玉荣
曹翠晓、李书吉、王永江、王林定、李为青

涉县农业农村局农业文化遗产研究团队
贺献林、王海飞、刘国香、贾和田、王仁如、王玉霞、陈玉明

农民种子网络团队
李管奇、张艳艳、田秘林

摄影 秋笔

同济大学出版社 · 上海
TONGJI UNIVERSITY PRESS · SHANGHAI

目录

总序：文化志的书写
与农业文化遗产保护的村落实践

孙庆忠

河北涉县旱作石堰梯田系统位于太行山东麓、晋冀豫三省交界处，集中分布在井店镇、更乐镇和关防乡的 46 个行政村，石堰梯田总面积 2768 公顷（1 公顷=0.01 平方千米），石堰长度近 1.5 万千米，高低落差近 500 米。这里也因此被联合国粮食计划署专家称为"世界一大奇迹""中国的第二长城"。2014 年，该系统被农业部认定为"中国重要农业文化遗产"，2022 年 5 月 20 日被联合国粮农组织（FAO）认定为全球重要农业文化遗产（Globally Important Agricultural Heritage Systems，简称 GIAHS）。作为典型的山地雨养农业系统，"叠石相次，包土成田"的石堰梯田，以及与之匹配的"保水保土、养地用地"的传统耕作方式，是当地人应对各种自然灾害，世代累积的生存智慧，时至今日，依然发挥着重要的生产、生活和生态功能，是全球可持续生态农业的典范。

怎样理解农业文化遗产？

20 世纪下半叶，随着绿色革命和工业化农业进程的加速，农业生产力的提升取得了令人瞩目的成就。然而，与农业增产同时而来的环境问题和社会问题，也日益凸显了这种农业模式的不可持续性。在这种背景下，2002 年 FAO 发起了全球重要农业文化遗产保护倡议，旨在在保护生物多样性和文化多样性的前提下，促进区域可持续发展和农民生活水平的提高。20年的事实证明，这种兼具社会、经济、生态效益的农业文化遗产保护，对确保粮食安全和食品安全、对于重新认识和评估乡土价值，都具有战略性意义。

农业文化遗产是人类与其所处环境长期协同发展过程中，创造并传承至今的农业生产系统。截至2022年6月底，全球23个国家和地区的67个具有代表性的传统农业系统被认定为GIAHS，其中中国有18项，数量位居各国之首。这之中，规模宏大的涉县旱作石堰梯田系统，将源远流长的粟作农业与保持水土的梯田工程融为一体，充分展现了人工与自然的巧妙结合。在缺土少雨的石灰岩山区，当地先民从元代起就开始垒堰筑田，创造了向石头山要地的奇迹，也培育了丰富多样的食物资源，从而为当地村民的粮食安全、生计安全和社会福祉提供了物质保障。他们凭借梯田的修造技术、农作物的种植和管理技术、毛驴的驯养技术、农机具的制作和使用技术，以及作物的抗灾和储存技术等本土生态知识，使"十年九旱"的贫瘠土地养育了一辈辈子孙，即使在严重灾害之年，也能保证人口不减。七百余年间，荒野山林变成了田园庭院，山谷陡坡布满了果树庄稼。这种生境的变化，使这里的农民对赖以生存的山地充满了感激之情，也因此增进了他们对家乡历史文化的钟爱。正是老百姓对自身所处环境的精心呵护，以及在适应自然过程中的文化创造，才有了旱作石堰梯田系统世代相续的文化景观和社会形貌。

然而，传统农业已在我们身处的时代发生了深刻的变革，工业化改写了乡土社会的生产生活方式，城市化正以突飞猛进之势席卷乡村生活，年轻人大量外流，年长者相继谢世，祖辈相承的乡土知识无力发挥其延续文化根脉的作用。更令人担忧的是，由于劳动力的短缺，加之对经济利益的追逐，地力全靠化肥，杀虫全靠农药，生态系统中的原生植被被清除，土壤微生物、昆虫和动植物之间的关系被人为切断，其结果是影响人类健康的一系列问题接踵而至，系统抵御风险的能力大大降低。那么，面对绝大部分中国乡村的共相命运，农业文化遗产保护能否为可持续农业带来一线生机，为均衡发展创造机缘？

维护生态系统的完整性及其服务功能，最为根本的办法是回到人自身，做人的工作，唤醒当地人对土地的情感，进而将其转变为一种发自内心的责任意识，让村庄拥有内源性的动力。正是基于这样的认识，我们始终把"以村民为主体的社区保护"视为工作的重点，把协助村民自发组织起来进行村落文化挖掘的过程，看作他们跟土地重新建立情感联结的纽带。保护农业文化遗产的目的就是让它"活"起来，活的目的是让后世子孙可以承袭祖先带给他们的永不衰竭的资源，实现生活的永续。因此，所谓的遗产保护，实际上是为乡村的未来发展寻找出路。

为什么书写文化志丛书？

作为旱作石堰梯田系统的核心区域，井店镇王金庄村占地面积 22.55 平方千米，拥有梯田 436.98 公顷，这里是"河北省历史文化名村"，也是"中国传统村落"。自 2015 年起，中国农业大学农业文化遗产研究团队在此进行安营扎寨式研究，希望通过持续性的文化挖掘工作，与村民共同寻找一条家园营造之路。2018 年，在多方力量的筹措下，农民自组织的"河北省邯郸市涉县旱作梯田保护与利用协会"（简称"梯田协会"）进入实质运作的阶段。为了让村民全面地盘清家底，理解旱作石堰梯田系统保护和利用的价值，我提出开展以梯田地名、梯田作物和梯田村落为中心的系列普查活动，并以文化志丛书的形式呈现。

何谓文化志？这里的"文化"特指村落生产、生活中具有标志性意义的历史事件、群体活动和符号载体，"志"则是如实地记录这些有形或无形印记的表现形态。走进王金庄，村落的文化标志随处可见——绵延群山上的石堰梯田，纵横沟壑里的石庵子、储水窖，石板街尽头的山神庙、关帝庙，村西祈求风调雨顺的龙王庙，村东掌管牲畜性命的马王庙，都是村落从历史走来的物质见证。与之相应的是那些活态的民俗生活，无论是农历三月十五的奶奶顶庙会，还是冬至驴生日时敬神的一炷香，都是农耕生活里重要的文化展演。此外，以二十四节气为节奏的农耕管理，是农民自己的时间刻度；"地种百处不靠天"和"地种百样不靠天"的经验总结，是他们藏粮于地的空间直觉。只是在老百姓的观念里，它们不被称为文化，不过是"过日子"的常识而已。

文化志丛书用文字、影像存留了旱作梯田系统里上演的一幕又一幕生活片断。历史的长河我们无法追逐，生活里的瞬间我们却可以捕捉。"梯田地名文化志"《历史地景》，记录了全村24道大沟、120条小沟，拥有岭、沟、坡、垴、洼、峧、碶、山、旮旯等9类地貌的420个地名。这些形象化的地名记录了人与土地的历史关系，其中凝聚了具有深厚诗意的祖先故事的描述。村民私家珍藏的地契文书印证了数百年来土地的归属，从清康熙六十年（1721）到民国三十七年（1948）间的民间土地交易跃然纸上。而那些散布在梯田间的1159个石庵子，既有定格在清咸丰二年（1852）、光绪十一年（1885）的历史，也不乏"农业学大寨"时期激情豪迈的岩凹沟"传说"。在这里，往事并未如烟，梯田地名一直是村民感知人与土地的互动关系、追溯村庄集体记忆的重要媒介。"梯田村落文化志"《石街邻里》，则以垒堰筑田、砌石为家等标志性的文化符号为载体，全面呈现了梯田社会一整套冬修、春播、夏管、秋收的农耕技术体系，以及浸透其中的灾害意识和生命意识。从水库水窖的设计到门庭院落的布局，从对神灵的虔诚到人世礼俗的教化，传递的是太行山区村落社会的自然风物与人文历史，讲述的是村民世代传承的惜土如金、勤劳简朴的个性品质。"梯田作物文化志"《食材天成》，集中展现了系统内丰富的农业生物多样性，以及从种子到餐桌的吐故纳新的循环周期。"饿死老娘，不吃种粮"等俗语背后的生活故事，形象地说明了人们利用当地的食物资源，抗击各种自然灾害的生存技能。对农艺专家和村民的调查数据显示，石堰梯田内种植或管理的农业物种有 26 科 57 属 77 种，在这 77 种农业物种中有 171 个传统农家品种，数量位列前十的分别是谷子 19个、大豆 11 个、菜豆 9 个、柿子 9 个、赤豆 7 个、玉米 7 个、扁豆 5 个、南瓜 5 个、花椒 5 个、黑枣（君迁子）5 个。这些作物既是形塑当地人味蕾的食材佳肴，也是认识地方风土、建立家乡认同的重要依据。

我们通过文化志的方式书写旱作梯田系统的过往与当下，一来是想呈现世世代代的村民跟自然寻求和谐之道的历史，二来想表达的是对他们热爱生活、珍视土地之深沉情感的一份敬意。当然，还有更深层的目的，那就是在记录传统农耕生产生活方式的过程中，重建生命和土地的联系，重新思考农业的特性，以及全球化、现代化带给乡村的影响。以此观之，这项深具反思与启蒙价值的创造性工作，试图回应的是现代性的问题——人与土地的疏离、人与作物的疏离、人与人之间的疏离。于村民而言，踏查梯田重新建立了自我、家庭与村庄的联系；对研究者来说，走进村庄重新发现了乡土社会的问题与出路。因此，文化志丛书既是存留过去，也是定位当下，更是直指未来。

培育乡村内生力量的价值

农业文化遗产保护的前提是对自然生态系统和复杂的社会关系系统有深入的了解。无论外界的干预如何善意，保护的主体都必然是创造和发展它们的当地农民。然而，科学技术的进步改写了传统的农耕生产方式，人们需求的改变，已经重塑了乡土中国的社会形态与文化格局。在这种情况下，如何让农民在动态适应中传续农耕技艺的根脉，如何进行乡土重建以应对乡村凋敝的处境，也便成为遗产保护的核心要义。

我一直认为，农业文化遗产保护的本质就是现代化背景下的乡村建设。村落是乡村的载体，是整个农耕时代的物质见证。它所呈现的自然生态和人文景观是当地人在生产生活实践的基础之上，经由他们共同的记忆而形成的文化和意义体系。因此，保护农业文化遗产表面上看是在保护梯田、枣园、桑基鱼塘等农业景观，其深层保护的是村落、村落里的人，以及那些活在农民记忆里的本土生态知识。以此观之，编纂文化志丛书的过程就是乡村建设的一个环节，其目标是增强农民对农业文化遗产保护与发展的理解，提升社区可持续发展能力。2019年因缘聚合，在香港乐施会的资助下，梯田协会正式启动了中国重要农业文化遗产保护社区试点王金庄项目。在涉县农业农村局、中国科学院自然与文化遗产研究中心、农民种子网络和中国农业大学农业文化遗产团队的协助下，全面开展了"社区资源调查、社区能力建设"两大板块工作，让村民、地方政府、民间机构、青年学子都有了服务乡村的机会。村落文化志丛书的付梓，就是探索并诠释多方参与、优势互补的农业文化遗产保护机制的集中体现。

为了推动梯田协会的组织建设，参与各方均以沉浸式的工作方法和在地培育理念，与村民一起筹划文化普查的步骤，勾勒村庄发展的前景。正是在这种倾情协助的感召下，村民对盘点家乡的文化资源投入了巨大的心力。为了记录每一块梯田的历史与现状，他们成立了普查工作组，熟知村史的长者和梯田协会的志愿者也由此开启了重新发现家乡的自知之路。他们翻山越岭，走遍了小南东峧沟、小南沟、大南沟南岔、大南沟北岔、石井沟、滴水沟、大崖岭、石花沟、岭沟、倒峧沟、后峧沟、鸦喝水、石岩峧、有则水沟、桃花水大西沟、大桃花水、小桃花水、灰峧沟、萝卜峧沟、高峧沟、犁马峧沟、石流碛、康岩沟、青黄峧等村域大沟小沟的角角落落。暑去寒来，用脚丈量出的数据显示：全村共有梯田 27 291 块，荒废 5958 块；总面积 6554.72 亩（1亩=666.67 平方米），荒废 1378.029 亩；石堰长 1 885 167.72米，荒废 407 648.38 米；石庵子 1159 座，水窖 158 个，大池10 个，泉水 17 处；花椒树 170 512 棵，黑枣树 10 681 棵，核桃树 10 080 棵，柿子树 1278 棵，杂木树 4127 棵。这是迄今为止，村民对村落资源最为精细的调查。除了对每条沟内的梯田块数、亩数、作物类别以及归属进行调查与记录，他们还探究了每处地名的由来，并追溯到地契文书记载的年代。

随着梯田地名和作物普查工作的推进，年长者和年轻人发现，他们是在重走祖先路。因为每一座山、每一块田讲述的都是垒堰筑田的艰辛，叙说的都是过往生活的不易，这也是他们共同的体验。退休教师李书吉全程参与了梯田普查，2020 年 5 月 9日，在《王金庄旱作梯田普查感言》中他深情地写道：

"4 月 30 日晚上 8 点普查的数据终于出来了，这个数据让我惊呆了，这是一组多么强大而有说服力的证据啊！……勤劳的王金庄人民总是把冬闲变为冬忙，常常利用冬季的时间修田扩地，但这个时间也是修梯田最艰难的时候，天寒地冻的严冬，每每清晨，石头上总被厚厚的冰霜所覆盖，手只要触摸，总有被粘连的感觉，人们满是老茧的双手，冻裂的口子，经常有滴滴鲜血浸渗在块块石头之上，但人们仍咬牙坚持修筑梯田，一天又一天，一年又一年地坚持着筑堰修地，使梯田一寸寸、一块块、一层层地增加着。记得有一年的春节，修梯田专业队除夕晚上收工，正月初三就开始了新一年的修梯田运动，尽管人们起五更搭黄昏，但平均一个劳动日也只能修不足一平方尺（0.11 平方米）的土地。在这次普查中，每见到一块荒废的土地，我都非常心痛。外出打工、养家糊口固然重要，但保护、传承和合理利用老祖宗留给我们的宝贵遗产更为重要。希望青年朋友们，从我做起，从小事做起，尽可能保护开发建设梯田，千万不要成为时代的罪人！"

这样的文字总是令人心生感动。在我看来，这就是乡土社会里最为生动的人生教育！从这个意义上说，我更为看重的是村民挖掘村落资源、记录梯田文化的过程，因为它激活了农民热爱家乡的情感，也在一定程度上增强了他们对乡土社会的自信。尽管我们的工作难以即刻给村民经济收入的提升带来实质性的变化，但是这种"柔性"的文化力量，对村庄发展的持续效应必将是刚性的。各方力量协助村民重新认识梯田的价值，让他们看到梯田里的文化元素就是这方水土世代传续的基因库，老祖宗留下的资源就是他们创造生活的源泉。在这个前提下，梯田的保护与利用才是一体的。

农业文化遗产保护的主体是农民，他们要在这里生存发展，因此他们对自身文化的重新认识，以及乡土重建意识的觉醒，也预示着农业和农村的未来。七年前这片陌生的土地闯入了我们的视野，如今太行梯田的坡、岭、沟、堉、碛成为了我们梦醒时分的乡村意象。如果有一天，这里祖先的往事被再度念起，而那些早已被遗忘的岁月能因为我们今天的工作而"复活"，那将是生活赐予我们的最高奖赏。我们也有理由相信，若干年之后，这些因旱作石堰梯田而生成的文化记忆会融进子孙后代的身体里，成为他们应对变局的生存策略，并在自身所处的时代里为其注入活力。

导 言

　　太行山地区是华夏文明的发祥地之一。河北涉县地处太行山腹地，境内以王金庄为核心的旱作梯田系统 2014 年被农业部评定为中国重要农业文化遗产，2019 年被农业农村部推荐申报全球重要农业文化遗产，2022 年 5 月通过联合国粮农组织全球重要农业文化遗产专家线上考察，成功晋级全球重要农业文化遗产。

　　涉县旱作石堰梯田总面积 2768 公顷，主要分布在太行山深山区涉县东南部的井店、更乐、关防三个乡镇的 46 个行政村，以石灰岩山坡为基础，凿石垒堰，"叠石相次、包土成田"。其中核心区王金庄村 6554.72 亩梯田，由 27 291 块土地组成，分布在 12 平方千米的 24 条大沟、120 余条小沟里。这里"两山夹一沟，没土光石头，路没五步平，地在半空中"。

　　太行山区气候属温带大陆性季风气候，冬季受西风带大气环流控制，气候寒冷干燥；夏季受从海洋吹来的东南季风影响，炎热多雨；春秋两季冷暖气流交替，形成干旱少雨和秋高气爽的天气。一年四季分明，干湿季明显，气候的垂直变化明显，太行山中段 800 米以下属暖温带，800 米以上属中温带。这里尽管有限的降雨连 508 毫米都不到，但是它集中在作物生产最需要的夏天，这就使得粟类作物可以在干旱或半干旱的环境中生存下来。

　　这里地处中国地势的第二阶梯，其西部为黄土高原，东临华北平原，太行山背斜的东部为断层，短而陡，山势险峻，土层较薄，多岩石裸露地和悬崖峭壁。在蜿蜒陡峭的石灰岩山上，分布着大小不等的石堰梯田，最小的梯田不足 1 平方米，甚至只能容下种植一两棵白菜或一棵花椒树，土层薄的不足 20 厘米，厚的也只有 50 厘米。

梯田石堰长近 1.5 万千米，高低落差近 500 米，在 250 多米高的山坡上层层叠叠分布着 150 余阶梯田。山有多高，堰就垒多高，层层而上至山顶，除去 90° 的悬崖峭壁，70% 以上的坡面都被利用了，有的坡面治理后利用率甚至高达 80%~90%。最长的石堰在大崖岭沟，绕过三角四弯长达 420 米；数一数二高的石堰分别在石流碛南沟（高 7.9 米）和石崖沟（高 7.2 米）。石堰平均厚度 0.7 米，每平方米石堰大约由 140 块大小不等的石头垒砌而成，每立方石堰大约需要 400 块大小不等的石头。

王金庄的岩凹沟，于 1964 年冬开垦，历经 40 余天，用工 5200 余个，垒砌 103 条石堰，完成土石方 4000 余方，兴建起 26 亩石堰梯田。从 1964 年到 1971 年，岩凹沟 57 条大小山沟峻岭上垒起了 210 千米长的石堰，建成 4000 多块共 315 亩梯田，使昔日的"荒山秃岭草满坡"变成了"层层梯田绕山转"。1990 年联合国世界粮食计划署专家到涉县考察山区农业综合开发项目时，将王金庄梯田称为"世界一大奇迹"。

那么，在资源极度匮乏的太行山石灰岩山区，为什么能形成如此规模宏大的旱作石堰梯田？

一是社会动荡，被迫修田。在宋、元、明时期，社会动荡，战争频发，无力维持生计、躲避战乱的农民纷纷到偏远的山沟"逃难"，"住山窝铺"，"拃挠荒""种山地"，同时战争造成人口大幅下降，统治者不得不采取移民政策。一些迫于生计不得不在深山居住和生存的人群，只能通过发挥人类自己的主观能动性，搬石垒堰、修筑梯田，维持基本的生计需要。

二是地理气候，适宜生存。这里一年四季分明，干湿季明显、土壤和降雨条件虽然不够优越，但能够满足耐旱农作物生长的基本要求。如果没有适宜的气候和一定的土壤、降雨条件，叠石不能包土，降雨不足养地，也就不能成田了。

三是食物丰富，能够生存。这里拥有能够适应当地环境气候条件的耐旱作物及其农家品种，在遭受大灾之后仍有能够供人们抗击灾荒的食物资源。明嘉靖《涉县志》记载的物产有："谷：粟谷、黍、小麦、大麦、荞麦、绿豆、黑豆、豌豆、小豆、秫、扁豆；果：桃、李、柿子、奈子、枣、软枣（又称黑枣）、核桃、梨、石榴；蔬菜：韭、葱、芥、菠菜、萝卜、苋菜、苜蓿、芹菜、蔓菁、藤蒿"，可食用粮果蔬菜共30多种。而"明永乐十年（1412），枣二十七万三千一百七十二株，软枣七万二千四百九十株"，即人均枣树25.2株，人均软枣树6.7株。枣、软枣是比较耐旱的木本粮食作物，在大旱之年能够帮助人们渡过灾荒。

四是掌握技术，智慧生存。自秦统一中国后，政治与社会相对稳定，铁农具普及，旱地作物粟、麦、菽、黍的种植技术，以及以精耕细作、轮作倒茬为主体的耕作技术逐渐成熟，到了南北朝时期，保墒、趋时、轮作、施肥、倒茬、间混作、选留种等技术都有了成熟的经验，新型农具不断出现，管理技术不断更新，躲避到深山区的人们掌握了较为成熟的旱作农耕技术，拥有适宜旱地种植的农作物和种植管理技术，人们就能够维持基本的生计。

五是顺应自然，和谐共生。尽管这里资源匮乏，环境恶劣，但智慧的王金庄人充分尊重自然、顺应自然、利用自然。为适应石多土少的自然环境和温带大陆性季风气候，人们在缺土少雨的深山区，不断摸索总结，创造了独特的山地雨养农业生产方式。凭借"地种百样不靠天"的生态智慧，不仅没有饿死人的历史记录，反而在发生天灾人祸时使王金庄成为外乡外地人的避难场所。究其原因，王金庄山高沟深，地形复杂，气候变化较大，旱涝没有定数。大自然的复杂多变，制约着农作物的生长。但王金庄人不断探索，逐步地摸索出不同农作物对本地气候、土壤等环境条件的适应规律，一是适时播种，抢抓农时"逢雨便种"；二是因时选种，传承了"藏种于民"的留种习俗，遇什么节令就选择什么品种。丰富的作物品种资源，共同构成了旱作梯田抵抗恶劣自然条件的万古千年不倒翁。

六是勤俭节约，适者生存。人们在不断适应艰苦的自然环境过程中，形成了勤俭节约、吃苦耐劳、艰苦奋斗的精神，推动了梯田社会的可持续发展。

为了获得足够多的食物，人们在沟、坡、岭、峧、垴等多种地貌修筑梯田，"养材以任地，载时以象天"，遵循"不违农时，谷不可胜食也"的古训，循天时、重人伦、尊重土地，顺势而为和传承发展。为了探索旱作石堰梯田系统核心区王金庄传承千年的生存密码，笔者于 2018 年开始，在中国农业大学孙庆忠老师的指导下，带领王金庄旱作梯田保护与利用协会的会员们，以王金庄 5 个行政村所有农户为基础进行随机抽样，辅以农户推荐，进行传统作物品种、梯田种植结构及社会经济调查，并于 2019 年 4 月 20 日至 9 月 20 日，在种植作物出苗后、生长期及收获前分 3 次组织开展沟域田间调查。

根据调查，涉县旱作梯田的传统农家品种遗传资源十分丰富，在人们栽种和管理的 77 种农业物种中传承保护了 171 个传统农家品种，包括粮食类的谷子 21 个、豆类 40 多个以及玉米、高粱等，蔬菜类的南瓜、豆角等作物品种 60 余个，以及花椒、黑枣、柿子等干鲜果品 20 多个，其中不少是在当地已经种植和使用了 100 多年的老品种。2021 年 9 月在中国昆明召开的联合国《生物多样性公约》第 15 次缔约方大会上，"涉县旱作梯田系统农业生物多样性保护与利用"被评为"生物多样性 100+ 全球典型案例"之一。

二十四节气是中国农耕文明对人类世界文明的独特贡献，自远古的采集渔猎开始，人们逐渐认识到自然界的生长收储，继而时分两仪四象，区分春夏秋冬。中国古代的先民，随着四季劳作渐渐明白时间的重要性，进而分辨产生二十四节气，并将一年的时间定格到耕种、管理、施肥、收获、储藏等农作物生长、收藏的循环体系中，将时间和生产、生活定格到人与天道相印相应乃至天地人融合的状态。

但是生活在现代都市的人们，已不知季节变换，更不用说区分五谷、辨识麦苗和韭菜了，对于生物世界、天时地利等失去了感觉和知觉，生活失去了节制，但一旦回归乡野，与自然融合在一起，感受炎夏寒冬的艰辛，享受春种秋收的喜悦，经历田野的日出日落、田园的风吹雨淋，让生物钟调回到自然时间，重获时间的节律，人们就会重新获得积极向上的精气神。

《食材天成：河北涉县旱作石堰梯田作物文化志》以获得全球重要农业文化遗产认定的涉县旱作石堰梯田为背景，以二十四个节气的农耕生产为主线，通过对每个节气代表作物从种子到餐桌的农事活动的介绍，带领大家回到太行山千年古梯田里，聆听农人讲述特色食物如何制作，体验传统的农耕生产智慧，体味传统的食物带给人们的味觉想象。

秋笔 摄

一　立春·蓖麻

积粪送肥忙不闲
过年不忘种蓖麻

立春是二十四节气里的第一个节气，大致从公历 2 月 4 日或 5 日开始，到 2 月 18 日或 19 日结束。从这时开始，冬天即将过去，春天即将来临。虽然立春，但北方的天气仍然寒冷，小孩子还可以三五成群地堆雪人、玩雪雕。

立春十五天分为三候："一候东风解冻，二候蛰虫始振，三候鱼陟负冰"，说的是东风送暖，大地开始解冻；立春五日后，蛰居的虫类慢慢在洞中苏醒，再过五日，河里的冰开始融化，鱼开始到水面上游动，此时水面上还有残冰，如同被鱼负着一般漂浮着。

"立春"民间叫"打春"，意思是春天来了，有"春打六九头""打了春，冻断筋""五九六九，沿河看柳""立春晴，好年景"的农谚。《诗经》里讲："三之日与耜，四之日举趾。"就是说，"正月里来修农具，二月里来忙下地"。

"扫帚响，粪堆长，又干净，又丽靓""庄稼一枝花，全靠肥当家""种地不上粪，等于瞎胡混""巧耕作不如多上粪"。打春了，古老的谚语口口相传，告诉人们新的一年开始了，一年

之计早打算，农耕生产多积肥。积粪送肥，就成为立春时节的主要农活。

积粪送肥主要是垫圈出圈，拌粪送粪，为春播准备肥料。王金庄的梯田石厚土薄、干旱瘠薄，如果光用化肥，土地就会板结、不发暄，存不住水分，地也没劲，庄稼就长不好，所以得上农家肥。

农谚说"拚边筑堰，不如驮土垫圈"。不少养驴的农户，在农作物收获后，及时把作物秸秆运送回家，切碎后作为冬春之际驴的饲料，把驴不吃的秸秆部分垫到驴圈内。王金庄的梯田土层薄，所以王金庄人惜土如金。人们日常打扫庭院的尘土、打炕土、下房土都会收储起来，尤其是过年的时候，家里上上下下打扫清理出的尘土，甚至从梯田里不小心带回的一些田土，都会一并垫入驴圈。在地里干完农活，把堰边的土扒到地里，脱下鞋，在地边的石头上磕几下，清理鞋底上的土，不带回家。如果老人家碰到小孩在路上磕鞋底，就会毫不客气地教育小孩："你看你把这个土弄到哪儿了！"如果回到家，鞋上还有土，就会敲下垫入驴圈。

秸秆和尘土垫入驴圈内一段时间后，将驴圈里的驴粪和秸秆用箩筐端出来，堆在门旁的小窑里，再挑入人粪混合搅拌，三次发酵以后，驴粪里面开始冒热气，肥料就做好了。厕所内的肥料称大粪，牲口圈粪称小粪，多半是大粪拌小粪，拌好后，再让牲口往地里送。

除了在家积肥，人们还会在梯田里堆肥沤粪。将多余的作物秸秆切成 3 厘米左右的小段，按照 3:7 的比例把人、畜禽粪便和粉碎的秸秆混匀，浇足水，在梯田的堰根或角落堆成一圆形堆，进行堆沤，其间根据堆沤情况进行倒堆、翻堆，一般要进行3~4 次，经过 1~3 个月发酵。发酵好的秸秆粪具有黑、烂、臭的特点，用手一抓成团，放开即散。

以前焚烧秸秆没有被禁止时，人们还在梯田里熏土做肥料防虫。没有开荒的山上，立春后草皮干了，就将草皮一层一层堆上，就像穿衣服一样一层一层披上，点燃干草皮，熏得外黑里红。这种山地熏土后种出的土豆最好吃。在玉米地里是用玉米秸秆熏土，秸秆、柴草和敲碎的土混合，中间掏空，放进一个干草把，围着干草把堆成圆锥形的土堆；用锄头柄在土堆离地三分之一高处穿四五个孔，锄头柄碰到柴草即可抽出，用手按实孔口以防孔塌下堵塞；将干草把点燃，用锄头轻轻拍打土堆，不让干草把有明火，只能冒着烟；用草帽在点燃干草把的那个孔口煽风，煽到各个孔都有烟冒出来便大功告成。

王金庄还有很多种饼肥。过去，蓖麻、籽麻、芝麻、油菜籽、核桃、椿姑姑（椿树籽）、木橑、荏籽等油料作物加工榨油后的油饼，都会作为有机肥，经粉碎后施入梯田。王金庄上等的有机肥要数花椒籽油饼了。王金庄盛产花椒，花椒皮卖钱，花椒籽榨油，副产品花椒籽饼等到要用时，粉碎后直接施入地里，这是上等的有机肥。

秸秆沤的粪属于有机肥，在梯田里主要作基肥，一般于冬春季送到地里，一溜地（大约 0.15 亩，100 平方米）10~20 驮，一亩地（约 667 平方米）用量 1~1.5 吨。农作物施肥大致有两种方式：一是底粪，二是追肥。底粪一般在冬春之际送到地里，耕作前把粪撒在地表，耕时将肥料翻入土内；如栽南瓜或山药，用镢、锹挖成壕或沟，把粪撒在底层。底粪主要是用秸秆沤的有机肥。在谷子、玉米进入旺盛期后开始追肥，原来追肥多用大粪，但当地认为只有施用圈粪的地才"发暄"，所以种地的老农以施用圈粪为主。

积肥送粪的大功臣就是梯田上的精灵——驴骡，将梯田与村庄连接。不知先人们经过多少次的筛选，梯田最终和驴骡有了一个完美的结合，田里生长的各类作物，除了供人们食用，其他的谷糠谷穰豆秸等无法处理的下脚料就成了驴骡的美食。此外人们日常清扫的垃圾、生活废水废物等也成为驴骡的主要食材。驴骡通过自己特殊的消化系统，将人们废弃的谷糠豆秸转化为驴粪，驴粪又成为梯田作物赖以生长、必不可少的有机肥，从而实现了旱作梯田系统的循环持续发展。据不完全统计，每年一头驴大约可以转化 5.4 亩梯田作物的秸秆，一头驴的粪便结合垫圈（庭院打扫卫生的尘土、生活垃圾用于垫圈）可为 4~5 亩的梯田供肥。毛驴和梯田的完美结合，既解决了秸秆等有机废弃物的转化问题，又解决了土壤培肥所需的土壤有机质问题，是旱作梯田系统延续千年的关键所在，也让该系统成为资源节约、环境友好的世界良好农业典范。

"喂养一头驴吧，驴吃不了人的。"这句话的意思是，驴的粪便，可以使粮食增产，驴吃的是增产的那一部分，是驴创造出来的。驴粪是优化土壤、蓄水保墒、增加土壤有机质的天然因素。

童年拾粪记趣

拾粪、割柴、帮着大人做家务，过去是王金庄人童年三部曲。拾粪也曾是我儿童时代特有的记忆。

每天早晨，村民们从驴圈赶出驴骡，一起上山干活。

毛驴出圈，背上鞍鞯往地走，一大群驴骡陆续走开。从圈口至九曲场（王金庄村每年元宵节举办九曲灯会的场地），每头驴都会拉一溜驴粪蛋。

小孩子每人提着箩头，守候在这段路上，抓紧抢拾驴粪蛋。

拾粪也是有规矩的——毛驴在我身边拉的驴粪蛋，我来拾，你就别来抢了。几个毛驴同时拉长长一溜，那就大伙一起拾呗，你从那头我从这头，顶头拾，拾完后再搜索下一个目标。

毛驴拉粪前，要举一下尾巴，看见举尾巴，用箩头接住最省劲了。

毛驴走路看到路上有驴粪，它一定会低头去闻，闻过之后自己也要拉。所以拾粪也有窍门，拾的时候不要拾完，少留一些等后面的驴子来闻。

箩头满了，伸进一只脚，踩一踩，继续拾。忙碌里，充满一种收获

蓖麻子

的喜悦。

早晨一阵忙碌，大人和毛驴走完了，我们小孩子把粪篓头放在路边。

有的毛驴，走出圈来不拉粪，过了九曲场堰根以后才拉，小孩们跟在毛驴后边一路向西，啥时拉下啥时拾。

专家研究，王金庄梯田的土壤从古至今肥力不减，原因就在驴养农业。当专家把驴养农业作为研究课题时，我才猛地一醒，拾粪原来不止是本地村里儿童的一项乐事，今天，即使高科技进入我们的生活，驴粪依然是无可替代的好肥料。

（文／李彦国）

立春节气，人们除了往梯田送肥之外，还会在梯田周围的路旁、山坡或者狭窄的梯田里种植蓖麻。

蓖麻的种子个头非常大，外面还有一层坚硬而厚厚的种皮，要早早把它播到土里，在土壤的冻融交替中，种皮经过冻融交替的浸湿，就会逐渐变软，等到种子里的油分慢慢浸出来才能发芽。从播种到出苗，需 25~30 天，从出苗到主花序开始现蕾大

蓖麻花序

蓖麻蒴果

约经历 30 多天，花果期一般为 28 天，灌浆成熟期 45 天左右。

　　蓖麻的适应性很强，对土壤要求不严格。蓖麻耐旱但不耐涝，苗期适当控水蹲苗，促使根系下扎。在堰边地头、沟边路旁、房前屋后等边角隙地，都能生长。还可以在荒山荒坡成片种植。蓖麻是主根系作物，深厚疏松的耕层是种好蓖麻的前提条件。播前要清除碎石、杂物，做到地平土细，上虚下实，为播种出苗创造良好的土壤条件。成片种植时，播前 4~6 周进行深耕整地，耕深 20~25 厘米，便于接纳雨水，零星种植同样要提前深耕整地，并挖成深、宽各 35 厘米的穴。在荒地种植蓖麻，把斜坡改成环山带状梯田，以保持水土不流失和便于管理、采收。坡度在 25° 以上的陡坡地适宜挖穴种植。

　　蓖麻播种有两种方式，可以直播，也可以移栽。直播每窝 2~3 粒种子，籽粒间距 3~5 厘米，盖土 2~3 厘米厚。移栽是在幼苗出土长出 3~4 片真叶时，带泥移栽。移栽后要浇定根水。栽植密度一般为 1.7~2 米见方，亩栽植 160 株左右。坡地种植也可稍密。当苗高 10 厘米时进行间苗，拔除生长过密的细弱幼苗，并结合中耕除草一次。在苗高 15~20 厘米时即可定苗，每穴选留健壮苗一株，并进行第二次中耕除草。在荒山荒坡上种植的，定苗可推迟一些。在开花前可进行第三次中耕除草。当苗高30 厘米时，结合中耕进行培土，固定根部，起到抗旱、抗风、抗倒的作用。当蓖麻长出 7~8 片真叶时，进行打顶，之后应根据蓖麻的长势，可把各分枝长出的顶尖再打一次，促进分枝，增加产量。

蓖麻的种子也可作为中药，具有泻下通滞、消肿拔毒功能，常用于治疗大便燥结，痈疽肿毒，喉痹，瘰疬。叶子可做腌菜吃。由于肠胃不好的人吃了蓖麻油不易消化，所以现在很少人种蓖麻。

王金庄春节民俗活动

大年初一，家族团聚吃扁食。

王金庄有句老话："大年初一早，一年早；大年初一懒，一年懒。"在过去，初一早晨，一般四五点钟天还没亮，村里的鞭炮声便噼噼啪啪响个不停，小孩们穿上新衣服，都争先恐后起来去放鞭炮，大人们忙着煮扁食。把煮好的扁食往神位上一一供上，再依长幼给家中老人奉上，晚辈开始给老人拜年，拜毕，吃扁食。

扁食，也称饺子，用和好的白面（小麦面）捏成。以前没有白面，就用玉米面、谷面，面里掺榆树皮或榆树根皮晒干后碾成的榆皮面做黏合剂，和成面团，用小擀杖擀成薄面皮捏饺子。

小时候盼过年，就是盼这一天能吃顿好饭。大年初一，终于不用吃糠窝头，不用吃糠炒面啦。

在我的记忆里，大年初一一大早，母亲总会先在天地爷、灶王爷、家堂爷神像前上香，然后十二分虔诚地叩拜，祈求神明保佑家人身体健康，事事顺心遂意。接着母亲围起围裙，在盛满水的灶台大锅里烧水煮扁食。母亲来回不停地拉着风箱，红彤彤的火苗在锅底上下跳跃。母亲总会说，火苗燃烧得越旺，家庭就会过得越兴旺，于是我总在旁边不停地加柴禾。

扁食煮好后，父亲和哥哥先到大门口放鞭炮。震耳欲聋的鞭炮声吓得我和妹妹连忙捂着耳朵躲在大门后，但又总是忍不住探着脑袋往外看，童年的一切都是那么新奇。放完炮，哥哥总会让我和妹妹一起帮他去捡拾那些瞎了捻的炮，然后攒起来，等天明后自己再去放。而母亲会先盛一碗扁食，端给奶奶，然后父亲、母亲和哥哥给奶奶磕头拜年，奶奶总是乐呵呵地从她的粗布衫口袋里掏出崭新的一元一元的新钱儿，给我和妹妹、哥哥做压岁钱。

中午，母亲将土豆、白菜、粉条、豆腐、猪肉一锅乱炖，这些菜都是父母辛辛苦苦在地里一年的收获，而猪肉却很奢侈，只有在过年才能吃上。

大年初一是以男人家庭为主的隆重节日，大年初二则是拜访母族亲友，是闺女回娘家相聚的日子。在王金庄，大年初一、初二两天各具特色的传统习俗，将王金庄男女老少紧紧地联系在一起。

大年初二早上，男人们都带着孩子和妻子，到妻子的娘家给妻子的父母亲、祖母家族所有旁系亲戚家磕头拜年，如果家里有刚逝去不到一年的老人，孩子们会"守孝"，初三再拜年。

出嫁的闺女要在年前腊月二十八或二十九蒸大馍馍送给父母，里面撒上盐和葱花，摊在蒸笼上蒸熟。大年初二回娘家，娘家人会炒上菜，将大馍馍切成块放在蒸笼上蒸热，招待闺女、女婿的饭叫作"大馍馍饭"。现在，为了省时省力，好多结婚的儿女给母亲四斤面代替大馍馍，有的年轻人直接买一袋白面、一壶食用油代替。

（文／刘玉荣）

正月初十去扒洞

老人们说，康熙四年（1665）大旱，黑风怒吼，大树立拔，民居多倾。

就在这天气大旱、民不聊生的荒乱之年，在王金庄村发生了这样一个故事。有位农民正月初十去拾掇地时，突然发现了田里的老鼠洞，他好奇地用力扒着鼠洞，沿着洞穴寻找，最终找到了它的仓库，发现它的仓库分春、夏、秋、冬四个库，仓库另一端还有一个通气孔，应该是用来排气的，可见田鼠聪明到了极致。发现了田鼠的粮库，这位农民喜笑颜开，最后在这个老鼠洞总共扒出一大布袋的各类粮食。

人们得知这位农民扒到老鼠洞的粮食后，也蜂拥奔向梯田间寻找老鼠洞，往往是有人扒的粮食多，有人扒的少。人们扒到了粮食，既解决了暂时的生活困难，又有了粮种，为下一年春耕夏播打下了基础。从此，王金庄人就把正月初十扒鼠洞叫成"正月初十去扒洞"，流传至今。

（文／王林定）

正月十二、十三蒸灯盏

正月十二、十三，人们会做出很多灯盏形状的面食，从正月十四到正月十六，连续点三个晚上，祈求平安与五谷丰登。那几日村里到处灯火通明，煞是好看。过了十六，这些祈福用的灯盏才会被吃掉。

灯盏分两种：一种样子像小馒头，顶部捏一个坑，坑中放少量香油，用纸拈成灯芯点燃，摆在门口两边门墩上；另一种捏成小鸡或者小鸟状，大概长 20 厘米、手掌大小，把小鸡或小鸟后背中间做成凹面，放上香油、灯捻点燃，小孩子拿着灯盏到街里游玩。现在还有人保留这个习俗，但没有原来那么重视了，而且超过一半的人开始用电灯笼代替粮食做成的灯盏，以图方便。

元宵节

在王金庄，元宵节要过三天，从正月十四到十六。过完正月十六，才算是真正过完年。

如果说春节是王金庄最隆重、最正式的节日，那元宵节就是村民们最欢庆、最快乐的节日，更是王金庄男女老少最放松、最盼望的节日。

村里男女老少从正月初四就开始为元宵节排练节目了：老人们穿上过去的老式粗布大青袄，头上裹上青头巾，在不停地扭着；婀娜多姿的女孩们和帅气的小伙子们，跳得激情四射，充满活力；还有可爱的小娃娃们，拿着灯笼，欢天喜地乐着。到处都是欢声笑语，和谐美好的气氛笼罩着王金庄。

正月初九以后，村里管灯山、九曲阵的人们便忙碌起来。有力气的男人们找钢管，搭木板，把灯山搭起来，心灵手巧的女人们围在一起剪纸花，做装饰，接着挂彩灯，挂吊挂，挂生肖以及各种各样的灯笼，大家一起把那灯山装扮得美美的。九曲阵那边，男人们先用撬棍或电钻在地面上打个洞，把钢管或木杠插进去，再用绳子按阵法把钢管或木杠有序地系起来，最后在钢管或木杠顶端挂上彩灯，女人们再剪纸花，做装饰。灯山、九曲这些都属公益活动，村民自愿出工，也根据自己意愿为灯山、九曲捐善款。当然有多有少，有捐一百元、两百元的，也有捐五元、十元的，表达心意即可，祈盼神灵保佑家人身体健康，万事顺遂。十四晚上，管灯山、九曲的人会将捐款名单写在大红纸上，贴在显眼的墙壁上，广而告之。

正月十四，夜幕刚刚降临，王金庄所有灯山、九曲，还有家家户户高挂的灯笼、彩灯就亮了起来，明如白昼，不同的颜色，各异的造型，让王金庄沉浸在绚丽多彩的海洋中。这时候，家家户户各个门口点上了红红的蜡烛，寓意着生活红红火火，越过越旺。

九曲阵里，人们在开心地穿梭着；九曲阵外，锣鼓喧天，人们即兴扭起秧歌。平时内敛的大爷大娘们，也把高冷气质放一边，尽情地跳着，舞着，欢乐着。在王金庄，只有在元宵节，人们才会这样毫无包袱地将自己的快乐肆意表达。

（文 / 刘玉荣）

秋笔 摄

二 雨水·荏的

拚边筑堰修梯田
修剪果树种荏的

　　雨水一般在每年正月十五前后，大致从公历 2 月 18 日或 19 日开始，到 3 月 4 日或 5 日结束。雨水之时，气温回升、冰雪融化、降水增多。古人眼中的雨水物候标识是一候獭祭鱼、二候雁北归、三候草木萌动。意思是在这个节气，水獭开始捕鱼了，将鱼摆在岸边如同先祭后食的样子；一候之后，大雁开始从南方回归北方，再过五天，在润物细无声的春雨中，草木开始萌动，从此大地渐渐呈现出一派春意盎然、万物生长的景象。

　　雨水节气，南部的暖湿气流向北移动，和北部的冷空气相遇，容易形成降雨，但在北方深山区，很少下雨，有"春雨贵如油"之说。此节令叫雨水，实际是春旱。尽管立春已过，雨水来临，但此时冷空气活动仍很频繁，天气变化多端。

　　雨水时节，严寒多雪之时已过，农田没有完全解冻，梯田里还是干着冬天的活：修边垒堰，剪树割柴，出圈送粪，编筐编篓，修理农具等。

　　农谚有云："立春天渐暖，雨水送粪忙。"以传统农耕为主的王金庄，雨水过后，村民要往梯田地里送粪。"春天刨土窝，秋天吃一锅""春天粪筐满，秋天粮仓满""春天比粪堆，秋后比粮堆"等谚语，则告诫人们年节期间，积肥别忘了送粪。把驴牵在身边，搁上驮子，把堆在门旁小窑里发酵好的肥料一铲一铲地放在驮子里，压实，牵着毛驴往梯田里送。有些人家会在农闲时把驴筐给修好。在过去，人们去地里毛驴总是驮着荆条编织的驮子，盛量较少，这样运输粮食蔬菜往返次数较多，不太方便。现在村里有好多焊工，用钢筋铁棍焊成的铁架子既方便又盛量大，很受大家欢迎，所以人们一般在春耕前请焊工帮忙将铁架子焊好。

除送粪外，雨水时节主要的农活是修边垒堰。一些石堰边的石头可能脱落，石堰有的因雨雪坍塌，老农会趁着农闲，把石堰修补好。如果石堰坍塌严重，叫上会修梯田的亲戚朋友来帮忙，为了节省材料还不影响石堰结构，可垒成拱形石堰。除了修筑石堰、整理梯田，还要把堰边的杂草泥土拚开，把堰根的杂草拚掉，俗语称"拚边筑堰"。

雨水一过，万物开始萌动，就要开始嫁接、修剪花椒树、软枣树等果树。农谚有"柿树不结埋得深，花椒树不结剪得轻"，王金庄到处是柿树、软枣树和花椒树，这些果树是当地的主要经济来源，其中花椒树更是王金庄石堰梯田的铁篱笆，也是农民的摇钱树。花椒树管理得好不好，不仅关系到石堰梯田是否稳固，更关系到农户当年的收入是否稳定或提高，所以人们对花椒树的修剪管理格外上心。修剪好的花椒树，花椒骨朵正好可以避开花椒刺儿，不但花椒结得多，而且摘的时候也特别省劲。修剪花椒树主要是根据花椒生长结果的特性，剪掉不见阳光的枝条，长得太长的枝条也要剪掉，长得高的要打头，使其形成丰产的树体结构，协调树体各个大枝条和小枝条的平衡，调节改善光能利用条件，增加结果部位，使结出的花椒籽大壳厚。

花椒树每年主要修剪两次，分别在休眠期和生长期修剪。

休眠期修剪要在严寒过后的2月中旬以前进行，一般要在雨水节气完成。处于休眠期的花椒树，树体营养已经下运到根际和树干，枝芽量减少，可以集中利用贮藏的营养，不会造成剪口附近的芽干缩或枝条伤口受冻。3月中旬惊蛰以后，树体汁液开始流动，营养向上运输，再进行修剪就会造成花椒树汁液流失，养分损失。冬季刚栽的幼树要进行埋土防寒，也可在埋土防寒前修剪。有人会在花椒树落了叶后就开始修剪，特别是冬天数九天剪枝，这样的花椒树不容易长芽。

休眠期修剪的方法主要有短截、疏枝、缩剪和缓放。

短截也称短剪，就是把一年生的枝条剪去一部分、留下一部分，是花椒树修剪的主要方法之一。短截对枝条有局部刺激作用，可促进剪口以下侧芽萌发，促生分枝。一般来说，截去的枝条愈长，则生发的新枝愈强旺。剪口芽愈壮，发出的新枝也愈强壮。

疏枝，就是把枝条从基部剪除。疏去的枝条愈多、愈大，对母枝的削弱也愈重。疏枝削弱了伤口以上部位的生长势，增强了伤口以下的生长势。疏枝使枝条变得稀疏，可以改善通风透光条件，平衡骨干枝的长势；还可以控前促后，复壮内膛枝组，延长后部枝组的寿命。花椒树的萌芽力和成枝力都较高，容易形成花芽，使得养分分配分散。所以，常常采用疏弱留强的集中修剪方法，使养分相对集中，增强树势、强壮枝组，提高枝条的发育质量，取得增产的效果。

缩剪，也称回缩，就是对多年生枝条进行短截。缩剪的作用常因缩剪的部位、剪口的大小以及枝条的生长情况不同而异。一般来说，缩剪可以降低先端优势的位置，改变延长枝的方向，改善通风透光条件。为控制树冠扩大而进行缩剪时，若去弱留强，可以增强长势；若去强留弱，则削弱长势。在生产实践中，缩剪多用于回缩更新、抬高枝头、开张角度、转主换头、复壮枝组、控制辅养枝、处理重叠枝、改善光照条件。

荏的田

　　花椒树的生长期修剪在夏季，主要作用是及时除萌（除去无效多余的萌芽），常用的方法有除芽、除萌、摘心等。花椒树在生长期生命活动旺盛，易萌发徒长枝和萌蘖枝，特别是盛果期后比较衰弱的大树，更易发生萌蘖枝。这些枝条长势很旺，消耗养分多，若等到冬季修剪时处理，就会消耗过多养分，造成树势衰弱、生长不良。萌蘖枝越多，树势越弱；树势越弱，萌蘖枝越多。因此，要在夏季及时除萌，以减少养分的损失。

　　雨水节气，正是荏的播种时节。王金庄种植的荏的有黑荏和灰荏两个农家种。荏的，即白苏，是王金庄传统油料作物，适宜种植于山沟阴湿地里，嫩叶可食，秋后收获。

　　荏的的种子通称苏子，可榨油，压榨出来的油略呈绿色，非常清香，可用来炒菜；也可入药，有降气祛痰、润肠通便之效。

茳的

灰荏籽　　　　　　　　　　黑荏籽

灰荏　　　　　　　　　　黑荏

压油籽

灰荏种子呈灰褐色，黑荏种子为黑褐色。近年来又引入紫苏，以食叶为主，种子也可榨油，出油率在45%左右。

在王金庄，可作食用油的作物有花椒籽、核桃、蓖麻、荏籽、芝麻、花生、油葵、木樨、椿姑姑（臭椿树的籽实）等。

王金庄的传统榨油工艺大致分以下几个步骤：

碾压成粉：将荏籽直接放在石碾上，毛驴拉着石碾子打转，将荏籽碾碎成粉。

蒸透料粉：压碎的荏籽粉末放入蒸锅蒸熟，蒸熟标准是用手摸不沾手、不沾碾滚、不沾碾盘。

铁箍垫麻：用麻绳垫底在圆形铁箍之中。

包饼成形：将蒸熟的荏籽粉末填入用麻绳垫底的圆形铁箍中，制成胚饼。

分步榨油：先轻轻地压，在压的过程中，要不停地整理制好的油饼。然后逐步加大榨油的力度，直至压出绿油油的清油，从油槽中间小口流出。

以前榨油的季节，油坊周围都是油的清香味。后来螺旋打油机渐渐代替了传统的锤夯打油法。

二月二喝顿茶，金银财宝往家爬

　　每年的雨水节气，常常会和农历的"二月二"相遇，当地"二月二"也是过完春节元宵节之后的一个大节日，过了二月二，各项农事活动就要开始了。农谚有"二月二龙抬头"，每到这一天，家家要吃茶饭。

　　茶饭的做法是用铁锅炒玉米面，叫作炒"茶面"，用玉米面、豆面加点白面，擀成面片或面条，煮上萝卜、土豆（有条件的还会做点素扁食），在汤里拌点做好的茶面，做成一锅饭吃，有"二月二喝顿茶，金银财宝往家爬"之说。

　　当地习俗，"正月不剃头，剃头伤舅舅"，所以人们通常会在二月二这天去理发（旧时叫"剃头"）。"二月二剃龙头"，象征万事从头做起，新年新气象。

秋笔 摄

三　惊蛰·韭菜

修理农具拾掇地
初春早韭补虚阳

　　惊蛰，古称"启蛰"，时间一般在公历3月5~6日至3月19~21日之间。惊蛰是气温迅速回升，越冬作物返青、春播作物备耕的重要时节。惊蛰有三候：一候桃始华，二候仓鹒鸣，三候鹰化为鸠。严冬过后的蛰伏，桃花开始迎春开放，美丽的黄鹂鸟又开始欢歌笑语了；翱翔于天地之间的鹰开始像鸠一样鸣叫求偶。

　　惊蛰时节，常有春雨如丝而下，梯田里的树木和野草，经过寒冬雪水的滋润，像刚睡醒的孩子般，伸拳蹬脚般地焕发了活力。农谚也说，"过了惊蛰节，春耕不能歇"。梯田在上年秋耕秋耢后，经过一个冬季吸纳雨雪、冰冻封地后，到了惊蛰，封冻的土地已开始解冻，阳气上升，春风吹拂大地，保存在土壤中的水分会随着干燥的春风流失，因此惊蛰过后，梯田就要春耕春耢保墒了，所谓"惊蛰不耙地，好比蒸馍跑了气"。春耕既是为了保墒，也是一种消灭越冬害虫的有效方法。

惊蛰拾掇地

　　处在深山区的王金庄，惊蛰时阳坡的土地刚开始解冻，阴坡还没有

惊蛰拾掇地

完全消开，早晚仍是凉爽天气。民间有谚语称"惊蛰地龙开，圪令毛揹跑出来"，"人勤春来早，百事农为先"，人们在惊蛰由农闲进入农忙，主要农活就是拾掇地。

王金庄的石堰梯田，堰根是石堰、石圪嘴，堰边是由石头堆砌而成的石堰，石头与石头之间的圪廊旮旯，犁秋地时犁不着，惊蛰时节杂草萌生。拾掇地就是用镬头除掉堰根、堰边这些杂草，将堰边的辅堰石摆放整齐，把地里的小石头拣出来，将堰根的石嘴（部分埋在土里的石块）刨开亮出来，以免耕地时损坏犁具。把地拾掇好，清明以后的春耕播种就省时省力了。

拾掇地也是技术活，大致要拥两镬宽。第一镬不能太靠堰边和堰根，要用力深拥；第二镬不能用力过猛，过猛拥到石头上就锛坏镬刃了，要轻轻地把土搭回来，把旮旯里的杂草搭出来。最后把拥出的土坷垃打碎——打土块王金庄叫"扑勒"，扑勒得勿雍雍的（当地方言，形容把土壤整理细碎，像刚磨出来的面粉一样细而柔软），为的是保湿保墒。太行山地区气候干燥，春天风大，扑勒不好播种时就干旱得拿不住苗了。

惊蛰时节，还有一个农活是春天犁秋地。去年秋天，上冻以前没犁完秋地的话，要趁惊蛰地消了，赶快补犁。稍一疏忽，干旱导致土地又干又硬，就犁不动了。春耕犁地的方向要与秋耕犁地方向相反，秋耕是先从梯田的里堰向外堰边犁地，而春耕就要从梯田的外堰边向里堰根犁地，这样可以确保梯田土壤的平整，也可确保施进去的粪肥掺和均匀。为了保证均匀犁地，一般还会采用犁套犁，这种方法还可加深耕层。

犁地是按面积计算，拾掇地是按周长计算。宽面面积大，周长小，犁地用工多，但好拾掇。坡条地窄窄的，面积不大周长不短，驴耕一天能犁完的地，人工一天却拾掇不完。平均下来，拾掇地比犁地所用人工要多些。

（文／李彦国）

阳春三月，大地复苏，山野阳坡的盈盈春韭，翠绿挺秀，充溢着盎然生机。拾掇地的路上，偶遇春韭，顺手采回食之。王金庄的韭菜以野生为主，主要有白根韭菜、红根韭菜、山葱花（细叶韭）三个类型。白根韭菜，花白色或微带红色，花果期6月底到9月，一般生于阳坡、草坡或草地上。红根韭菜，鳞茎外皮带紫红色，花白色至黄色。山葱花，野生于山中向阳半坡地带，当年有雨才开花结籽。

韭菜是我国较早栽培的辛辣味蔬菜之一。《诗经·豳风·七月》记载："四之日其蚤，献羔祭韭。"六朝的周颙，清贫寡欲，终年蔬食。《南史·周颙传》载："文惠太子问颙，菜食何味最胜？颙曰：'春初早韭，秋末晚菘。'"这可说是对于韭菜最有理解也最风趣的评价。

《礼记》中，庶人春荐韭，配以"卵"，说明当时已经有了鸡蛋炒韭菜，并用来祭祀祖先。一方面说明古人已经很熟悉韭菜的功用，另一方面说明古人非常珍视看重韭菜，用在春祭和祭祀祖先的重大时刻。韭菜"春食则香，夏食则臭"，冬食动宿饮，五

白根韭菜

红根韭菜

野韭菜花

月食之昏人乏力。王金庄农谚"六月韭,臭死狗"。韭菜的独特
辛香味是其所含的硫化物形成的,这些硫化物有一定的杀菌消炎
作用,有助于提高人体自身免疫力。韭菜富含维生素 C、维生素
B_1 和 B_2、尼克酸、胡萝卜素、碳水化合物及矿物质,而且纤维
素含量比大葱和芹菜都高,可以促进肠道蠕动、预防大肠癌的发
生,还能减少对胆固醇的吸收,起到预防和治疗动脉硬化、冠心
病等疾病的作用。

现代医学认为,韭菜富含粗纤维,能刺激肠蠕动,食后具有
明显的通便作用,可以帮助减肥。民间经验,当小孩误食异物

山韭花

时，吃大量整棵韭菜，可以使异物顺利排出，而且可以见到韭菜纤维缠在异物周围。

韭菜颜色青翠，气味辛香，从根部到韭花，无论是素炒或荤炒，无论是拌蛋、拌肉炒，也无论是腌渍还是做饺子馅，都味道鲜美，诱人食欲。明代蒋一葵写诗赞曰："气较荤蔬媚，功同食肉多。浓香跨姜桂，余味及瓜茄。"吃韭菜像吃肉一样，浓香超过生姜肉桂，连余味也可与瓜茄相媲美。

韭菜全身都是药。《本草集论》记载韭菜："生而辛则行血，熟而甘则补中，能益肝，散瘀，导滞。"韭菜可以治疗胸痹、反胃、吐血、衄血、尿血、痢疾、消渴、痔漏、脱肛等症。韭根的功用是温中、行气、散瘀，可以治疗胸痹、食积腹胀、赤白带下、吐血、衄血、癣疮、跌打损伤等。韭菜籽即成熟韭菜的种子，主要功用是补肝肾、暖腰膝、壮阳固精。

王金庄的韭菜因为野生，所以天然、绿色，是当地做调花、炝锅面、炝锅稀饭、炒菜、火锅、面食、拌凉菜的上等调味品。一般食用时，把食用油加热，放入切碎的野韭菜，淬油，味道奇香，让人食欲大开。也有人采回野韭菜，洗净切碎，配以猪肉（生猪肉剁成肉末），加适量食盐、花椒面，制成猪肉韭菜饺子馅，包扁食（饺子），还有做韭菜鸡蛋粉条馅饺子的。

立秋前后，韭菜花盛开，正是制作韭花酱的好时候。韭花酱味道非常鲜美，在吃面条、熬米粥，特别是在吃火锅、涮羊肉的时候，把韭花酱当作小料最好。

从地里采回野韭菜花，择洗干净，用水多清洗几遍，放在篓筐上晾干水分，放入石臼，再放上小米椒、生姜、花椒、苹果等，捣碎，或用家用粉碎机、绞肉机粉碎，但不宜太碎，太碎口感不好。加入食盐，一般2500克的韭菜花，配以150~200克的盐，搅拌均匀。味道不能太淡，稍微咸一点才能放得时间长一些。最后装进提前准备好的无水、无油、干净的玻璃瓶里，盖上盖密封保存。因为还会继续发酵，所以玻璃瓶不宜装得太满。放在阴凉干燥处或放入冰箱，20天后就可以吃了。每家每年这时候都会做上一年的量。每家都有独家配方，孩子们回来，总会带上一罐回城，那是家的味道。王金庄的韭菜花是买不来的，做韭花酱，自食或送孩子、亲戚朋友，代表的是情意。

与野韭菜相似的还有野小蒜，也是当地主要的调味品之一，雅称薤白，野生于海拔200~1200米的耕地杂草中及山地较干燥处。此外作为调料"和事草"的香葱，也是日常膳食调味品，各种菜肴必加香葱而调和。葱对人体有很大益处，解热、祛痰，具有刺激身体汗腺，促进发汗散热之作用，能够健脾开胃，增进食欲。葱还有降血脂、降血压、降血糖的作用，如果与蘑菇同食，可以起到促进血液循环的作用。民间谚语称："香葱蘸酱，越吃越壮。"

野小蒜生长环境

秋笔 摄

四　春分·山药

春耕保墒犁不闲
犁地耢地栽山药

　　春分一般在每年 3 月 19~22 日至 4 月 2~4 日。春分"一候玄鸟至，二候雷乃发声，三候始电"，大自然逐渐结束"默片时代"，变得更加有声有色，气候逐渐温和，雨水也开始充沛。春分时，气温急升骤降，风有时和煦，有时狂野，有时润肤，有时像划脸的刀片。"春分地皮干"，春分之后春耕保墒就成为重要的农活了，"春分犁不闲，犁地不耢，等于胡闹"。

　　在王金庄有"十年九春旱"和"春雨贵如油"之说。进入 3 月后，土壤解冻，适宜早春种植的山药就要播种（土豆在王金庄叫山药或山药蛋，当地人的发音是 shan ye，听起来像山药）。

　　山药起源于南美洲秘鲁的高山山区，早期人们就是用木棒石锄掘松土地栽种山药的。山药是一种极好的救荒抗灾作物，是王金庄人重要的食物。在贫穷的年代里，粮食歉收，人们要多种菜，配之以谷糠、炒面、野菜等才能勉强维持生命。这里的菜蔬主要是山药、萝卜、南瓜、豆角等。

　　山药由于性喜冷凉，对环境的适应性较强，非常适合在旱作地区适时早播，从而可使整个生育期处于相对冷凉、气温较低的

春季犁地

春季耢地

季节，使薯块形成和膨大时期避开高温天气。王金庄的山药适合在高海拔通风的山垴坡地生长。农谚云："凹地椒，泽地（"泽"是"大水泛滥"的意思，泽地是指沟道地，易遭受雨水泽淹）麻，垴头山药岗地花。"在垴头种山药，风大、无虫害，不用打农药。

由于山药是耐寒作物，一过农历正月十五，就有人开始栽种了。惊蛰、春分、清明、谷雨、立夏、小满、芒种、夏至八个节令均有栽种。按气温，春分最适合发芽生长，但是太行山区十年九旱，湿度才是决定因素。八个节令里哪个节令下雨谁也不知道。有人感觉有春雨就早栽，有人担心闹春旱就迟栽，还有人早栽一部分迟栽一部分，在不能确保稙晚通收的情况下两者都要选。所以山药一是春天要早栽，一般在惊蛰过后清明前后播种；二是施肥要求"以有机肥为主，重施基肥"，一般每亩施 30~40 担有机肥，并配合施一定量的草木灰。

除了时间上的把握，山药对农田也有要求。山药适合在新挢的土地里生长。凡不能修成梯田的特殊地形，就挢成挠荒地，也就是里高外低的有坡度的小片地。最小的挠荒地也能栽几十棵山药。春天种植前先整地，再开沟、施底肥、下种。苗出后适时中耕、拔草。风调雨顺时，100 天即可长成收获，亩产可达千斤。

山药采用芽栽，栽种前先把芽剜出来，三刀下去，剜成三角形的块状，不能太小，剜成枣那么大就可以。

栽种方法有两种，一种是驴耕点播，另一种是人工穴施。株距、行距都保持 30 厘米左右。从堰边到堰根，一畦一畦往里栽。

驴耕点播时，隔一犁点一犁。开沟后，先点种，后施肥，第二犁覆盖第一畦，第三犁继续点种施肥，第四犁覆盖，以此类推。一块地点完了，耢得平平整整，保湿保墒。

人工栽种时，用镢头开沟，大约 8 厘米深，按 30 厘米左右株距点播，施足底肥，挢土覆盖，同时把下一畦沟开好，边覆盖边开沟，注意打碎坷垃，保住墒头。旱地栽山药，最惦记的就是

紫山药苗期

蒸紫山药

紫山药植株

白山药蕾期

蒸白山药

土壤湿度。

栽山药施驴粪最好，驴粪可疏松土壤。山药最适合在疏松的土壤里生长。本地盛产花椒，椒籽油饼更是山药特别喜欢的肥料，驴粪和油饼搭配在一起，那就更好了。

山药可以长期储存，每家每户都在屋里打一个菜窖，秋天收回来放进窖里，可以吃到次年新山药下来。春分以后山药要出芽，为了早日获得当年的新山药，一过春分，人们就要栽山药。此时不栽的山药，就得拔掉山药的芽继续存放。

王金庄目前种植的山药有两个农家品种，一是紫山药，块茎椭圆形，薯皮深紫色，肉白色，茎直立，略带紫色，开白花。一般亩产500多公斤。紫山药吃时沙香面绵，适合在小米粥里煮着吃或者熬大锅菜切成大块炖着吃。另外一种是白山药，块茎椭圆形，薯皮黄褐色，肉白色，茎绿色，开白花，吃时口感脆香，适合切片或切条炒着吃。据村民讲，王金庄还有一种红皮山药，做苦垒最好吃。山药皮下面的汁液中富含多种营养素，所以削皮时只需削掉薄薄的一层就可以了，轻搓山药表面，就能很轻松将外皮去掉薄薄一层，且不会损伤里面的果肉。新山药则可用冷热水交替去皮——把山药放入热水中浸泡一下，再换到冷水中，这样也能很容易地去皮。

山药切完需马上泡在水里，因其中含多酚氧化酶，在氧气的作用下会发生褐变，从而影响色泽。浸泡时，可在水中加少许醋，一来可有效防止褐变，二来能让其口感脆爽、不黏不糊，三来能减少山药中维生素和矿物质等的流失。山药切完后最好马上烹调，以防营养素流失到水中。

新山药炖煮，老山药烹炒。新鲜山药口感细嫩稠滑，容易做熟。由于其水分多，吃起来口感很面，所以适合做汤、炖菜等；而老山药相比在营养上没有很大差异，但水分减少，口感爽脆，下锅后不会发生新山药那样易黏锅、易糊的现象，适合烹炒。山药用文火炖煮，才能均匀地熟烂，若急火煮烧，会使外层熟烂甚至开裂，里面却是生的。另外大火炖，汤汁不断翻滚会使块外面煮烂，更容易糊锅。

野炊——王金庄特殊的饮食方式

王金庄山高沟深，人多地隘，人们仅有的几分地大都在3公里以外，走一趟快者要40分钟，慢者得1个小时以上。如果中午回家，有一半以上的时间都耗在了路上，所以午餐大部分在地里进行。走进王金庄辖区，山顶沟底，田间地头，石庵溶洞，三石野灶随处可见。客观地说，活70岁的人，累计起来就有40多年的午餐在地里。哪怕是大兴安岭林区、内蒙古大草原、新疆的戈壁滩，像王金庄这样的，恐怕都很少见。这里大部分人还在牙牙学语时，就坐在毛驴的驮篓里，颠颠簸簸地去野炊。提起野炊，我是几多深沉、几多苦涩、几多难忘、几多情趣。

童年我以放牧为主，每次和伙伴们一块儿骑驴上山，割会儿青草后大家就忙开了野炊：年龄大的上树摘软柿子、核桃，年龄小的拾柴、砌灶；找一块薄薄的石板支起来烤软柿子，在石板下，拢一把柴草点着，石板烧热后，先用核桃仁在石板上擦一遍，把软柿子摊在上面，一会儿软柿子就烤熟了。热乎乎的软柿子一吸溜，好甜啊。

从学校毕业后到生产队里劳动，每天早晨母亲就将一瓢米、一把萝卜条、土豆块、盐坷垃都放在小铁桶里打发我往地走。开始，母亲怕我不会做，让队里人笑话，因此出门前总是不厌其烦地先怎么怎么、后放啥放啥地唠叨、数念。我总是"知道、知道"地回答。一次，焖饭做好后豆角咋也不软，别人喊，今天的饭真香，我也喊真香。傍晚回家悄悄问母亲，母亲告诉我，怨水不开就下豆角、把它圪折（当地方言，意思是因为水没有烧开就煮食物，食物就会半熟不熟的）了。再做饭时，等水开了以后先下蔬菜，等菜软了以后再下米。

在地里每次做饭没柴，就到处找茅草，东揪一把草毛，西拣一把树叶，费好大力吃不了一顿饭。多数是早晨到地里就从树上扒一些桐树棍儿、椿树棍儿什么的用石头砸扁，晒在日头下到中午烧。一次，跟父亲上山刨山药，半晌时，我突然问父亲："爹，坏了，没拿曲灯呵（方言，即火柴），饭吃不成了。"父亲也不吭声，只管干活。到了中午，父亲去堰头上拽了一把羊胡子草，窝（当地方言，意思是"折"）回来，拿起火镰，从火镰袋里掏一点葛芯（一种周边有刺的宽叶草，晒干后配上草灰用锅炒、加工而成的点火引子），放到火石上，嚓嚓两下，葛芯就燃着了，先吸着烟，将烟袋锅伸进两手捂住的羊胡子草里，"扑——扑——"地吹起来，不几下草毛就冒起烟来，接着两手一边扇、嘴一边吹，不一会儿，草毛就燃起了火苗。父亲真伟大，香喷喷的原锅焖饭（米和水比例恰好做出来的焖饭）又吃成啦！

对于野炊，我最头疼的是用水。夏天还好些，地里到处有，冬春就不行了，全凭从家里挑。即便地里水窖里有水，种地时一头牲口两个人，少说也得50斤水。一次到离家4公里远的桃花水犁地，前两天见路边的水窖还有水，到地里结果没了，一趟的活儿跑了两趟。

一年秋天，本族的一位爷爷带全家在地里割谷，中午，好不容易南瓜、土豆做了一大砂锅，他兴致勃勃地向全家喊："收工了，开饭啦！"接着就往起端。不知是砂锅老化了，还是碰到哪里了，锅底一下子掉到锅池里，一家人只有大眼瞪小眼。

（文 / 王树梁）

秋笔 摄

五　清明·南瓜

栽瓜点豆春耕忙
山野榆钱当春粮

　　清明是春季的第五个节气，一般于公历 4 月 4~6 日至 4 月 18~19 日交节。清明"一候桐始华，二候田鼠化为駕，三候虹始见"，《岁时百问》载："万物生长此时，皆清洁而明净，故谓之清明。"清明时节，正是鸟语花香的盛春，阳光明媚，草木萌动，气清景明，万物皆显，自然界到处都呈现生机勃勃的景象。农谚"清明前后，种瓜点豆""桃花开，杏花败，梨树开花唰韭菜"，暗示人们在享受"满路桃花春水香"的时候，春耕生产也已开始。

　　一年之计在于春，一年的农耕应该如何开始，经过几百年的实践，王金庄因地制宜形成了一套符合当地地理、气候特点的耕作制度，清明时节种瓜点豆套播即是一例。

王金庄的耕作制度

　　王金庄的耕作制度，主要包括稙播、二娄种、晚播、套播等，不仅包括全年种植计划的提前谋划，还传承保留了与之相适应的农作物系列品种，如稙播、晚播的谷子品种，及玉米的稙播、晚播品种。谷子间苗有"一步老三堆，本本中间滚鸡蛋"之说，玉米间苗有"地里卧下牛"

之说。传统种子的不断混杂退化，导致作物产量相当低下。随着耕作方式的改变，部分地块采用犁套犁的办法使犁地逐渐加深，种植密度逐渐增加，谷子间苗由一步老三垛变为均匀留苗（称"赶会谷"），亩留 4 万株左右，玉米增密了 35%。

稙播　　由于区域温差较大，阴坡地与边远地（俗称阴梢地、远山地）一年只能种一茬，一般采取倒茬种植，第一年种谷子，第二年种玉米。如不倒茬就会大减产，有"年年谷，不如不"之说。这种地占总耕地面积的四分之三。稙播的品种，一般在清明就开始播种，稙播的谷子品种主要有红苗老来白、来吾县、马鸡嘴、压塌楼。谷子在清明稙播，一是籽粒不会变成粉质、不烂；二是出苗时气温还不高，不会烧芽；三是稙播的谷子不易坏（不易发生谷瘟病）。稙播玉米一般比稙播谷子晚十天半月，稙播玉米品种主要有老黄玉米、老白玉米、金皇后、白马牙等；有"谷出十日稙，麦出十日晚"之说。

二耧种　　当地农谚有"小满接芒种，一种顶两种"，二耧种就是在小满的后半截、芒种的前半截进行播种。二耧种的谷子品种主要有三遍丑、黄谷、青谷、红谷、屁马青、露米青等；玉米品种主要是现在推广的一些杂交种。

晚播　　一般在收获小麦后点播。遇旱年如不能适时播种，最迟不得晚于处暑节令，有"处暑头三天能来了（熟），处暑后三天播种来不了（熟不了）"，"夏旱播一时，秋天就可早熟一天"之说。所以麦收后只要一落雨，村民们总是争分夺秒，抢时播种。晚播的品种有谷子落花黄、小黄糙晚谷（俗称 60 天还仓），黍子、豆类早熟作物以及萝卜、蔓菁等蔬菜。

套播　　套播在王金庄古来有之，如稙播的玉米地里套播高粱、青豆、豆角等，谷地里带高粱，南瓜地里点玉米，玉米旁点豆角，高低结合，秆藤搭配，相得益彰，既能充分利用地力和光能，又能提高单位面积产量。

榆钱

　　早春时节，剜野菜能够缓解一冬天只能吃到萝卜、干菜的处境，让人们的锅碗里早日增添一丝绿色。阳春时节，当春风吹来第一缕绿色，榆钱就一串串地缀满了枝头。清明前后，正是榆钱好吃的时候。

　　榆钱是榆树的翅果，因其外形圆薄如钱币，故而得名，又由于它与"余钱"谐音，因而就有吃了榆钱可有余钱的说法。榆钱不仅能食用，还具有通淋、消除湿热等功效。中医认为，食榆钱可助消化、防便秘。

　　以前光景不好，春天没有什么东西吃，就可以吃榆钱度饥。捋几串榆钱，鲜嫩、脆爽，又有淡淡的甜味。捋榆钱，蒸榆钱饭，煮榆钱粥，拌榆钱馅儿，是春天里的清鲜之食。将刚采下来的榆钱洗净，加入白糖，味道鲜嫩脆甜，别具风味。或者是将榆钱洗净，拌上面粉，搅拌均匀，直接上笼蒸熟，再佐以调料。勤快的主妇，将榆钱洗净、切碎，加虾仁、肉或鸡蛋调匀后，包水饺、蒸包子、卷煎饼都可以，味道清鲜爽口。这是春季最早的天然绿色食物。

在春天出叶和深秋落叶时节，采集榆树皮或榆树的根皮，捣扁剥皮，去掉树皮上的表层薄皮，抽去当中木质化的木心，将留下的树皮或根皮的韧皮部分，扎成小捆晾干，切成小节，上石碾碾碎，再磨成细面，过筛，即得榆皮面。榆皮面是过去吃不起白面时的一种无奈选择："荒岁农人取根皮为粉，食之当粮。"榆树皮中含有大量的植物黏液，主要由糖蛋白和多糖组成，在水中，它们可以形成比较强的"食物胶"，作用类似于谷胶蛋白。所以，把榆皮面加到玉米或者高粱粉中，它们就能起到小麦粉中谷胶蛋白的作用。榆皮面实际上就是未经提纯的食用胶，只是因为人们可以自己获取，就有了"天然食物"的形象，因而大受欢迎。用榆皮面和玉米面或高粱面、红薯面做成的饸饹，是饥荒年代少有的美食。

清明栽南瓜，是为日常生活早做铺垫，只有早种瓜，才能早吃瓜。王金庄地处太行深山区，土质疏松，且梯田的堰边堰根地势呈阶梯状，适于南瓜茎蔓攀爬，所以南瓜在当地广为栽植。再加上王金庄特殊的地理气候条件，经当地长期驯化选择，形成了丰富的南瓜农家品种。目前，王金庄保存的南瓜农家种主要有饼瓜、老来青、长南瓜、葫芦南瓜、老黄南瓜等。在复杂的气候和地理条件下，正是这种基于一个特有物种内的丰富农家品种，使得人们为适应不同年份的气候和不同地理位置的地块，在种植时有了多种选择，也使得不同的人群，可以根据自己的口味和味觉需求，在食用时有了更多的选择。

饼瓜籽

饼瓜

老来黄南瓜籽

老来黄南瓜

饼瓜，成熟后瓜的形状如同农家烙饼，所以老百姓称它为饼瓜。饼瓜对土壤要求不高，适应王金庄梯田山高坡陡、雨水较少的自然环境。饼瓜产量高，方便运输，盛果期长，是村民在夏秋时节重要的蔬菜来源，丰富了餐桌，改善了村民饮食。老来青成熟时，瓜的颜色一直保持浓绿色，所以叫老来青。老来青适宜三月栽种。待南瓜藤长至 30 厘米，压倒盖土，随着长势不断打叉盖土。饼瓜可用来炒菜，或切丝作为馅料蒸包子、包扁食。

适合与稀饭一起吃的长南瓜，一般种于交通方便的梯田和山脚下，便于施入农家肥，也便于随时采摘、打理瓜田。在立秋前后进入丰产期，村民在地里干活，特别是摘花椒时随手采摘，就地下锅，十分方便。秋天的长南瓜可以刮成长丝，晾干，作为冬天和来年开春的重要干蔬菜。形状如葫芦的葫芦南瓜主要用于炒菜做饭。适合越冬储藏的老黄南瓜，质地甜中带绵，主要用于炒菜或做南瓜稠饭。

农谚云："三月三栽瓜，一个拳上结仨。"清明时，南瓜宜早种，但也不能太早，太早温度不够不发芽，种子容易烂掉。

栽南瓜

选定土层稍厚一点、又离家较近的梯田，挀地，使土壤疏松。用尖镢挑成一尺多深的南瓜窑（为栽南瓜做的坑），或做成南瓜壕（为栽南瓜而做的壕沟），南瓜壕一般从堰边挑到堰根，每窑（壕）间隔一丈多（1 丈 =3.33 米），便于南瓜秧生长。

将准备好的小粪（驴粪），最好加些油饼或二铵，和土混合在一起搅拌和好，上面倒上大粪（人粪），施入南瓜窑（或南瓜壕）。用挖出来的土将南瓜窑（壕）盖窑，把窑两侧挀得十分疏松，一边疏松土壤一边把粪盖好。

接下来就要播种了，在准备好的南瓜窑上捣穴点籽，株距 30 厘米。不要刨坑，刨坑容易刨到大粪上，南瓜籽点在大粪上容易烂籽。要用

老来青南瓜

葫芦南瓜

镢头捣成小穴，种子点在小穴里，这样既不会接触大粪又不至于栽得太深。然后用湿土盖住，南瓜宜浅不宜深。最后在南瓜窑上覆盖地膜，保湿保温。

大约 7 天南瓜就要出苗了，这时要勤去地里观看，一旦出苗，就要及时在出苗的南瓜处，用细木条把塑料薄膜撑起小棚，防止高温烫伤幼苗。

早栽的南瓜，可以早结、多结，摘了一茬又结一茬。

（文 / 李彦国）

南瓜自小至大，随时可以采收，大抵播种后经三个月至三个半月即可开始采收。凡花谢后，第一茬瓜经 20 日可以采收；自第二茬瓜起，则经 30 至 40 日采收；但欲采嫩瓜者不在此数。南瓜嫩瓜（幼果）、老瓜均可食用，第一次收获幼果，以果皮稍带浓绿色为宜。采收南瓜，注意不要损伤茎蔓。南瓜成熟时，皮现黄色，并有白霜，采摘时留茎宜长，这样越冬储存时不易坏。在冬天，需储藏于较温暖的屋子，防止其冻伤。

南瓜是夏秋季节重要菜蔬，既可做菜，也可代粮食，其嫩果可炒食或炖食，也可蒸、煮、煎、炸、烤等。成熟的南瓜则可以蒸食或煮食，也可与小米一起做南瓜稠饭，还可做成南瓜饼。王金庄人更是在秋后将南瓜切薄片，晒干至冬春季节食用。南瓜的嫩叶及嫩梢，去除浮毛或剥去表皮，也可以炒或煮着吃。

孩子们最喜欢的是南瓜糕。将南瓜蒸熟，去掉多余的水，用料理机搅拌成泥，取 200 克南瓜泥，稍微放凉，加入适量白糖、2 个鸡蛋搅拌均匀，加入过筛的面粉和老酵，搅成黏稠状（因为南瓜的含水量、面粉的吸水量各不相同，根据实际状态可添加少许水或面粉），盖上保鲜膜进行发酵，扒开有蜂窝状组织后，顺时针搅拌一会儿，排气。大碗里抹上点食用油，倒入南瓜糊，放入蒸锅，开大火蒸 30 分钟，关火后焖一会儿，香喷喷、软绵绵的南瓜糕就做好了。

南瓜全身都是宝。果实除了食用还可药用，对治疗火伤、滚水或热油烫伤等有显著疗效。南瓜子有驱除绦虫、蛲虫、蛔虫的作用；南瓜蒂有清热、解毒、安胎的作用；南瓜根有清热、渗湿、解毒的作用，可治黄疸、牙痛；南瓜藤清热，能治肺结核咳、低热；南瓜瓤治疗疔疮。南瓜还可治疗糖尿病，因为它含有微量元素钴，而且在各种粮食、蔬菜中含量是最高的；钴能促进新陈代谢，是人体胰岛细胞所必需的微量元素；吃南瓜可以获得"饱腹感"，还可补充钴而促进胰岛素的释放，因此能够降低血糖；同时南瓜中含有大量果胶，可以提高胃内容物的黏度，减慢吸收速度，从而控制餐后血糖的升高。此外南瓜还是很好的饲料。

王金庄的食花文化

在清明这样的春季节气里，王金庄人有着丰富的食花文化。比如和榆钱同期就有很多草木的花可以吃，如地肤子、木撩、杜梨、棠梨，甚

炒南瓜

至核桃和黑枣。以木橑花为例，这种树的花分公母，公的开花不结果，可以采回来炒着吃，而母的花则因为要结果实，便不能吃，否则就没有果子了。与之类似的还有杜梨花、棠梨花，只是因为要结果子所以不舍得吃，至于黑枣的花就更不敢吃了，现在它们都是村民的经济来源。

秋笔 摄

六　　谷雨·玉米

雨生百谷香椿嫩

稙播玉米春来早

谷雨是春季的最后一个节气，一般在每年公历4月19~21日至5月4~5日。谷雨的物候是一候萍始生，二候鸣鸠拂其羽，三候戴胜降于桑，意思是一候人们看到水塘里的浮萍开始生长，再过五天，人们看到布谷鸟梳理它的羽毛，再过五天，在桑树上能见到戴胜鸟了。谷雨，"谷得雨而生也"，是农谚"雨生百谷"的意思。"清明断雪，谷雨断霜"，谷雨是终霜的象征，清明有时出现霜冻，冻坏花椒花，冻坏软枣芽，这些现象谷雨以后就不会再出现了。

谷雨来临，寒潮天气基本结束，气温回升加快，降水明显增加，太行山区容易下点小雨，但一般不会下大雨。此时布谷鸟开始催耕，"布谷布谷，磨镰杠锄"，到了谷类作物播种季节。但在王金庄，有农谚云"谷雨谷，不如不"，指的是谷雨节令雨量小，低温还较低，种上谷子后温湿度不够，种子容易霉烂，或者发芽后湿度不够，一顿暴晒就把芽烧干了。种谷就要"小满接芒种，一种顶两种"。不过谷雨节气，可种玉米。

玉米属外来物种，涉县明末清初才有玉米种植的记载，但是

播种玉米

种植面积不大。抗日战争前种植的品种有笨玉米、二糙的、小三糙等玉米农家种。抗日战争时期，"金皇后"玉米得到推广，种植面积开始扩大。1949年后，涉县玉米生产迅速发展。1958—1970年，由于可水浇的地增加，玉米种植面积扩大到12.8万亩（85.3平方千米），平均亩产量提高到130公斤（千克）；1971年之后，玉米双交种推广；1991年，玉米播种面积8.6万亩（57.3平方千米），平均亩产量160公斤；1990年前后，紧凑型高产玉米品种以及高油、甜玉米等品种开始发展。到2020年，全县玉米种植面积扩大到13.0万亩（86.6平方千米），玉米成为涉县第一大作物。

张克威与金皇后

　　"金皇后"是优良玉米品种，故乡在美国中西部。1929年，在山西省太谷县铭贤学校任农科主任的美籍教师穆懿尔把它引进中国。1940年5月，八路军129师进驻涉县，之后以涉县为核心区域开辟晋冀鲁豫根据地（下辖太行、太岳、冀鲁豫、冀南4个军区），为应对军需和抗击各种自然灾害，129师师长刘伯承和政委邓小平根据毛泽东在延安高级干部会议上提出的"吃饭是第一个问题"，要求"自力更生，克服困难"，组织开展大生产运动，成立了生产部，由张克威任部长，指导部队在作战间隙，开荒种地、兴修水利、饲养家禽。1941年春，张克威从山西太谷县穆懿尔那里弄到了1000克美国的"金皇后"玉米种子，在生产部驻地山西省黎城县南委泉村试种并获得成功；第二年张克威又把它推广到群众中进行繁殖，喜获丰收，凡种植金皇后玉米的农户都迎来大幅度增产。由于他的努力和边区政府的重视，采取了一些有力措施，如1943年、1944年两度举办全边区农业展览会，使金皇后玉米于1944年被推广到整个太行山地区和太岳区。据当时估计，仅推广金皇后玉米一项，即为晋冀鲁豫抗日根据地增产粮食25%~30%。张克威对金皇后这一高产作物品种的引进和成功推广，对晋冀鲁豫抗日根据地的军民大生产运动，对部队完成部分粮食自给任务、渡过难关最终取得抗战的胜利，作出了重要的贡献。

王金庄现有的玉米品种有金皇后、白马牙、三糙黄、三糙白、大紫玉米、老白玉米、老黄玉米、小紫玉米。主要的传统品种有白马牙、金皇后、大紫玉米等。王金庄也是在 20 世纪 40 年代开始种植金皇后的。金皇后好吃，一直受到村民喜爱，即使在大面积推广杂交种时期，村民也会在偏远的山地梯田上种植一些自留种，以供自家食用。金皇后是植玉米，籽粒大，皮薄，出面率高，是村民的主要食用粗粮。在王金庄，玉米须也是一种中药，可以和其他中草药一块添加在药方里，熬成药汁，有清热、利尿的作用。玉米秆还可以做熏肥，将玉米秆点着，在上面覆盖上土，让其在土里面慢慢燃烧，高温可以杀死虫卵，而烧成的草木灰是上好的肥料。由于玉米是异花授粉作物，金皇后经过村民多年的自留种种植，原本就秆子高，穗位高，易倒伏，是适宜稀植的大穗品种，多年自留种种植后品种分离退化，生长不整齐，性状不一致，出现串种变异，收获的玉米穗有马齿型、硬粒型、籽粒颜色有红黄色、浅黄色、肉黄色等多种类型，所以需要提纯复壮。

除了金皇后，目前王金庄种植面积较大的还有白马牙。白马牙由于是白玉米，用石碾推出的玉米面和（小麦）白面相似，所以经常和白面掺在一起，制作各种面食。因其籽粒皮薄肉厚，色白且出面多，口感好，一直受到村民喜爱，是村民主要的食用粗粮。

此外紫玉米、老黄玉米、老白玉米等农家品种，除了品质较好，一直受到村民的喜爱之外，能够适应当地不同年份的气候条件也是品种保留下来的主要原因之一。

与玉米相伴的是高粱，春播时一般先把高粱撒播在地里，与

老黄玉米幼苗

老黄玉米

紫玉米苗期

紫玉米

白马牙玉米籽粒

白马牙玉米苗期

白马牙玉米

牵高粱

玉米套种，叫"玉米地里带高粱"。高粱耐旱耐瘠薄，适合王金庄石厚土薄、十年九旱的自然地理和气候环境，也能适应贫瘠的荒坡地。高粱别称蜀黍，按性状及用途可分为食用高粱、糖用高粱、帚用高粱等。食用高粱谷粒供食用、酿酒；糖用高粱的秆可制糖浆或生食；帚用高粱的穗可制笤帚或炊帚。王金庄目前保留和种植的高粱主要是帚用高粱，其穗可制笤帚或炊帚，如绑刷子、扫帚；穗下茎可编织小筐、锅盖等手工艺品，籽粒用于喂驴。高粱嫩叶阴干青贮，或晒干后可作饲料。

在干旱地区当个农民，总得懂点气象知识，抓不住农时就种不上地，所谓"丰收之年也有不丰收之家"。种不合适就拿不住苗，即使出来也是七齐八不齐，七断八圪节。种子市场卖的杂交种玉米，说明书上写的适宜种植时间在立夏、小满、芒种三个节令。山区高海拔地域得提前点，谷雨即可播种。一到立夏要格外注意天气变化，啥时有雨啥时播种，不要非等小满芒种，防止后面没雨落空。

现在有的农户开始用微耕机耕地，先犁好地再等雨下种。用铁筒点播，不用刨坑，摁一下点一粒种子，用起来也得有一定技巧。如果地湿，铁筒上沾土堵眼儿，听起来响声咯嘣清脆，实际上籽出不来。干种在地里，"等下了雨地湿，正好赶上出苗"。

（文／李彦国）

石堰梯田，玉米从种子到餐桌，当地人总结了十五道程序，足见粮食来之不易，"粒粒皆辛苦"。

第一，选地。玉米与谷子一般轮作，这块地今年种玉米，明年就种谷子，以减少病虫害发生。

第二，整地。需要秋翻耕（将种谷子的地秋季深耕后纳墒），春耙耢（如无大雨则不耕）。冬前从地堰边耕翻到地堰根，春天从地堰根耕翻到地堰边，地堰根到地堰边要整平，不可有大坷垃。

第三，施肥。春天施上底肥，底肥以驴粪、花椒饼肥或草木灰等为好。之后等玉米苗长到 20~30 厘米，再追肥一次。

第四，选种。根据播种时间选择适宜的品种（稙播品种或晚播品种），在选定品种的基础上，对上年留的种穗或已经脱粒好的种子进行穗选或粒选。

第五，播种。株距约 50 厘米，以前是一尺半，老话说"稀苗不稀籽"，苗种得稀一点，有利于光照、通风，结的籽不会太稀。玉米稙笨晚糙，谷雨至立夏均可播种，可用耧播种，也可镢头拚坑点播，手工点播一穴 3~4 粒。

第六，镇压。稙播的玉米要深开沟或深拚坑浅覆土，轻镇压，确保种子与适宜的土壤密切接触。

第七，间苗。玉米出苗后要及时间苗，一般五叶间、七叶定，及时去掉弱病、长势不壮或不完整的幼苗。

第八，一锄。结合定苗，及时进行浅锄灭草。

第九，二锄。玉米拔节后进行深锄，吸纳雨水。

第十，三锄。雄穗抽出前，进行第三遍中耕除草，耧土堆，三遍把土拥到根。

十一，收玉米。白露至秋分，玉米果穗抱叶变黄白后，及时将果穗剥回，除去抱叶，让果穗搭架晾晒。

十二，脱粒。晾晒好的玉米果穗及时脱粒。

十三，晾晒。将脱粒下来的玉米籽粒进行晾晒，完全晾干后，就可以推玉米面了。

十四，推玉米面。玉米面加工有多种方法，一种方法是干推：玉米拣除土粒、小石子以后，直接倒到碾盘上半部，套上牲口，牲口一边走，推破的玉米糁就自动往下退，直至围成一个圈，用笤收起来筛到簸箕里即成。这种方法比较简便，但不如湿推法推出来的玉米面好吃。湿推：要提前一至两天将玉米倒入大锅，用开水煮 10~20 分钟，煮胀后捞出来，晾干皮后，与推干面一样，用石碾子推、细笤筛。湿推的玉米面推好后，要放在阴凉处晾干，才能装入米面缸。这种加工方法，虽然程序多，比较麻烦，但加工出来的玉米面好吃，色泽金黄、面质细腻，玉米特有的香味充满屋子，久久不散。挖一勺，做一锅玉米粥，金黄色的玉米糊，滑溜柔绵，满口留香，回味无穷。

十五，做成食物。干推的玉米面适宜蒸窝头。湿推的玉米面适合烙饼，做饸饹、抿节，或掺上白面、豆面擀杂面条。

玉米的吃法多种多样，常见的有蒸窝头、饹饼子、掺上榆皮面压饸饹、抿抿节，也可以将玉米、谷子、小麦、高粱、红薯干等掺在一起推，发酵后蒸窝头，俗称杂货头，口感酥脆，营养丰富。在过去，王金庄早饭主食主要是糠窝头，把糠和玉米面混在一起，家境好些的多放些玉米面，家境差的少放点，用水和成面后，做成窝头（外面看和馒头一样，只是底部抠出一个洞来），放上锅蒸。也有人把糠面做成巴掌大小、椭圆形的饼贴在大铁锅锅沿上，锅内倒上水或者煮上粥，用锅沿和蒸汽的温度把面饼做熟，这就是贴饼子。现在窝头也还有人吃，不过不再是糠窝头，

香椿

而是把玉米面和白面混在一起做成窝头。

秋季收玉米，在刚从地里掰回来的玉米堆里选几穗"没牙狼"（因为授粉不好，玉米穗结实不全，只有稀稀拉拉部分籽粒的玉米穗），掰开叶子，轻轻用手指一掐浆水就冒出来，挑又鲜又嫩、浆水特别足、籽粒还没有变硬的新鲜嫩玉米，放在锅里煮，或在柴火上烤熟了吃，生鲜的玉米香味浓郁，口感软糯，孩子们站在锅台旁馋得直流口水。

新鲜的玉米面贴饼子可香了。用少量滚热的水烫一下玉米面，然后再用少量冷水和面至成团，用双手交替拍成圆饼状，在柴火锅中添水，把玉米饼贴到锅四周但不能被水淹，盖上锅盖蒸

箬叶玉米糊

20分钟左右，把玉米饼用铁铲取出可直接食用。或者直接把玉米饼放入滚开的小米米汤中，煮熟后捞出，在玉米饼上摊上软柿子，那玉米的香咸和柿子的甜润合在了一起，老百姓称"软柿子抹窝头赛火锅"。

清明之后，谷雨之前，山上的香椿树挺出嫩芽幼叶，绿叶红边，嫣红油亮，香气袭人。王金庄的香椿树小，不用爬树摘香椿。去地里干活的时候顺便采摘一把香椿苗，回家焯水后，用香油、蒜凉拌，或做香椿炒鸡蛋，用美食缓解一天的疲劳。

香椿，为楝科香椿属多年生落叶乔木，香椿又称香椿芽，幼芽嫩叶芳香可口，是我国独有的"树生菜"。生于山地杂木林或疏林中，常栽培于房前屋后、村边、路旁。古代称香椿为椿，称臭椿为樗。香椿的根有二层皮，又称椿白皮，根皮及果入药，有收敛止血、去湿止痛之功效。

每年春季谷雨前后，香椿发的嫩芽可做成营养丰富的各种菜肴，如香椿炒鸡蛋、香椿拌豆腐、煎香椿饼、椿苗拌三丝、椒盐香椿鱼、香椿豆腐肉饼、凉拌香椿等。但香椿为发物，易诱使痼疾复发，故慢性疾病患者应少食或不食。

温双和 摄

七　立夏·野菜

无可奈何春已去
且将野菜饯春归

　　立夏，是夏季的第一个节气，一般在每年公历 5 月 5~7 日
至 5 月 19~21 日交节。立夏标示着万物进入旺盛生长期。立夏
一候蝼蝈鸣，二候蚯蚓出，三候王瓜生，说的是这一节气中首先
可听到蝼蝈在田间的鸣叫声（一说是蛙声），接着大地上便可看
到蚯蚓掘土，然后王瓜的蔓藤开始快速攀爬生长。在这时节，青
蛙开始聒噪着夏日的来临，蚯蚓也忙着帮农民翻松泥土，乡间田
埂的野菜也都争相出土日日攀长。这时夏收作物进入生长后期，
冬小麦扬花灌浆，夏收作物年景基本定局，故农谚有"立夏看
夏"之说。

　　在王金庄，由于小麦收成低，所以种小麦的人越来越少，
2021 年也只有部分农户种植小麦。立夏时节，王金庄的人们忙
着给春种的作物补苗移栽。就是在没有出好苗的作物地里进行补
种或移栽，也有补种一些短季的白萝卜等作物，不浪费一块地。

　　立夏时节，恰是草、苗生长的好时机。对王金庄来说，立夏
万物莫不任兴，"春尽杂英歇，夏初芳草深"，也正是"青黄不
接"的困难时期，越冬储存的干菜快吃完了，新种的蔬菜还没下

来。这时山林馈赠给人们的好食物，就是各种野菜。

在王金庄村，能吃的野菜有几十种，常见的有马齿苋、灰灰菜、扫帚菜、荠菜、蒲公英、洋槐花、杏仁菜等。这些野菜经常生长在田边、路旁、山坡、草地、河滩以及林缘草丛中，有时生长在瓦房上。

马齿苋也称马齿菜、蚂蚱菜，既耐旱亦耐涝，生命力强。马齿苋全草可入药，有清热利湿、解毒消肿、消炎、止渴、利尿的作用；种子具有明目的作用。

灰灰菜或叫灰条菜，其实是一种叫"藜"的野草，灰灰菜的嫩茎叶含有极其丰富的胡萝卜素和维生素 C，有助于增强人体免疫力。立秋摘花椒的时候，在梯田里到处都能找到灰灰菜。中午在地里做饭，父母为了给小孩调节风味、补充营养，摘来灰灰菜和面条煮着吃。

扫帚苗，也称扫帚菜，其实是"地肤"。幼苗可做蔬菜，全草可清热解毒、利湿消积、收敛止血，种子称"地肤子"，为常用中药，能清湿热、利尿，治尿痛、尿急、小便不利及荨麻疹，外用治皮肤癣及阴囊湿疹。

荠菜，又名地菜、地米菜等，春秋两季都有，也偶有栽培。中国自古就采集野生荠菜食用。人工栽培以板叶荠菜和散叶荠菜为主，在初春食用。

蒲公英又名黄花地丁、婆婆丁，可药食两用，全草入药，具有清热解毒、消肿散结、利尿通淋的功效，用于疔疮肿毒、乳痈、瘰疬、目赤、咽痛、肺痈、肠痈、湿热黄疸、热淋涩痛。

此外，铁苋菜的嫩茎叶也可食用，其菜身软滑而菜味浓，入口甘香，有润肠胃、清热功效。猪毛菜的幼苗及嫩茎叶也是一种传统野菜。

野菜采回来，择取嫩茎叶洗净，用开水焯一下，加蒜、佐料凉拌，清鲜可口。或者炒着吃，或做馅儿包扁食、包子。有的野

马齿苋

荠菜

灰灰菜

地黄苗

菜需要洗净后再用开水煮熟，最后用冷水淘洗，浸在水里两三天才能食用，像嫩柳叶，否则味道很苦，像槐叶，不浸泡几天的话，吃了之后身上发肿。还可熬粥时加进去做成野菜粥，或与糠面混合做成野菜窝窝头。野菜除了可以现采现吃外，还可加工制作成干菜，在蔬菜缺乏时食用。有的野菜可晒干磨成面，掺和糠或粮食，有的可煮熟晒干储存，有的晒干后，再稍使之发湿压成饼放在囤中存放。像蒲公英，焯水后冷冻，食用前解冻，可用来做馅儿；或者晒干了泡水喝，干蒲公英泡发后还可以做馅儿。还有的人家把野菜腌成酸菜，一年四季都可食用。

　　沤缸菜是王金庄人重要的食物补充，人们会在不同季节采挖各类野菜（如刺节菜、小槐叶、穗菜、滴滴菜、苦苦菜等），清水淘净，倒入锅中蒸熟、晾凉，用菜刀切碎，盛入缸里，把滚好的豆沫汤倒入缸内（淹住菜为宜）。半月至二十天，菜就沤成了，从缸里夹出来加上油盐，可以直接拌到稀饭里、夹到焖饭上，还可以掺玉米面蒸成窝窝头，或拌上玉米面、糠面做成苦垒，掺上白面烙成菜饼子，等等。

蒲公英

蒲公英

　　不同季节可以将不同种类的野菜加工成沤缸菜：每年进入芒种，夏至节令，上山捋回羊桃叶（植物杠柳的叶子），进行沤制；每年白露与秋分之间，地里的豆叶一半青一半黄时，将豆叶捋下，进行加工沤制；每年进入霜降节令刨萝卜时，将萝卜缨取回，加工沤制，等等。

　　除了地里长的，还有树上结的——洋槐花。立夏时节，远远就能闻到槐花儿香，但是槐树高，小孩子常常只能仰着脖子在树下咽口水，需要拿上钩子找大人来勾槐花。香甜的槐花收回家，用清水冲洗，晾干，放入盆里，倒入面粉搅拌均匀，使每个花朵粘满面粉，在笼屉上放块纱布，倒入槐花，在堆中扎几个出气孔，上火蒸10分钟。出笼放在盆里，搅拌散开，待凉后，炒锅加油烧热，然后加葱、姜、蒜炒香，放入槐花，最后放盐出锅。也可煎槐花饼：将面粉、盐、花椒粉以及鸡蛋加入槐花中，搅拌均匀成稠糊状，在热油锅内摊开煎烙，烙至两面深黄。这样香香的菜，是大自然在立夏独有的一份馈赠。

春天的野菜

　　每逢阳春三月，那些生长在梯田石堰边、山坡上、树丛下的各种野菜，更是春天的批量馈赠。人们会准确地辨识、娴熟地采摘，将它们收归厨房。清炒，或者拌馅、和面。

　　一过清明，路边的野草，就渐渐地变成了绿色，地上的植物就急着往上蹿。在这青黄不接之时，山里就有了野菜。我挎起篮子，拿着小铲，走在羊肠小道上，到荒郊野外的路边、山坡上、田野里，在布谷鸟"咕咕，咕——"的叫声中，我寻觅着野菜。这时返青的有杏仁菜、蒲公英、灰灰菜、马齿苋等。马齿苋生长在田间地头、沟沟壑壑、打谷场边缘，东一片西一簇，用小铲刀铲，半天就能铲一篮子。

　　马齿苋叶小茎多又嫩，叶如马齿，梗子红而肥大，可清热，吃起来滑腻腻，稍微酸溜溜的，不算好吃，但能充饥。有时候，铲得多了吃不完，母亲煮熟后，晾在席箔子上晒干，留着冬天包包子。

　　夏末秋初，吃得最多的是红薯叶、芝麻叶。红薯叶用清水煮了，淘净凉拌，是爽口的凉菜。芝麻叶焯熟后搦干，除去苦味儿，下豆杂面、红薯高粱面面条，是山里人喜欢的家常饭。

　　多雨季节，土壤湿润，地木耳就会长出来，傍晚或蒙蒙细雨时，我们就撑着油布伞，穿双小雨靴，挎着篮子，跟着大哥一道出门去采木耳。地木耳生长在低洼处、小河滩、荒坡旁，一蓬蓬的，多且长势好。还有一种小野蒜，在荒山野岭上生长着，长约五六寸，一丛丛，过于袖珍，比麦冬叶子还要细小。把它洗净，整株塞进玻璃瓶内，放少许盐，三五天即可食用。野小蒜满口清香，多有滋味。山韭花是秋季山韭菜开的花，山韭菜比韭菜小，但香味比一般韭花浓郁得多。

　　儿时，地里的野菜很多，记得我们采摘过马齿苋、猪毛菜、笤帚苗、地皮菜、刺芽菜、指甲菜、野蒜苗、蒲公英、山蘑菇、野韭菜等野菜，此外还有树上的，像榆钱、槐叶槐花、香椿芽、杨柳叶等，野菜营养丰富，种类繁多，大多可入药。

　　野菜的吃法多样，做法却很简单。烹调方法有煮、炒、煎。调味品

凉拌苋菜

也就是油、盐、葱、蒜、姜。食谱花样有野菜汤、炒野菜、凉拌野菜、野菜饼、野菜水饺、野菜包子。母亲将野菜洗干净，有时用滚开水焯过，沥干后切碎凉拌，滴儿许香油，这含着野外气息的野菜，中看又中吃。还可做野菜汤，有焆汤苋菜，有杏仁菜汤，有苋菜鸡蛋汤、地皮鸡蛋汤、槐花汤等。也可以做大饼，有槐花饼、马齿苋饼、葱蒜锅饼、荠菜水饺。味道清爽鲜美，让人回味悠长。

野菜的品格恬淡，令人赞叹！它根扎大地，昂首蓝天，顺其自然，慷慨奉献。它朴实无华、开朗泼辣。野菜生长不讲条件，顽强拼搏，滋生在田间地头、山缝石隙、野滩荒岭，有点水就泛滥，给点阳光就灿烂。它不图名利，默默无闻，它天生自然，环保无污染，食用有营养，药用能治病。野菜的好处多多，让人赞叹无穷。童年采摘野菜，虽然辛酸，但有着纯真的欢乐。

吃野菜曾经是度饥荒的代名词。而如今，人们吃它也许是因为吃惯了鱼肉海鲜，想换换口味，调节生活、保健身体，健身减肥。更多的人，也许和我一样，是想再一次感受那童年的时光，品味那野菜独特的魅力。

（文／王玉太）

秋笔 摄

八　　小满·谷子

孟夏小满接芒种

谷子一种顶两种

小满是夏季的第二个节气，一般在每年 5 月 20~22 日至 6 月 4~5 日。小满后，天气渐渐由暖变热，降水也逐渐增多，麦类等夏熟作物籽粒饱满但未成熟，故称小满。

小满一候苦菜秀，二候靡草死，三候麦秋至。对于麦子而言，小满是秋，即所谓麦秋。

在王金庄，"小满接芒种，一种顶两种"，此时如有雨，则是谷子播种最佳时间，所谓"小满谷，当年福"。

农谚云"谷雨谷，不如不"，指的是谷雨种谷，不会有好收成，或是没苗，或是出芽率低。因为谷雨气温偏高，但地温偏低、降雨量少，这时种谷，一是发芽时间长，即使发芽了，不下雨，小芽太嫩，容易被阳光灼伤；或者出苗了，由于没到雨季，比较干旱，谷子长势不好，也会影响谷子收成。立夏有雨立夏种，立夏没雨等小满。小满之后，只要下点小雨，人们立即进行谷子播种。如果小满芒种种上，这时候温度升高，如果雨量增多，谷子生长很快，后来居上，要比清明后种植的谷子长势更好，生长周期短的红谷这时种最好，籽粒饱满收成重（"重"为当地方言，指产量高）。

　　但人们不能确定小满、芒种之间绝对有雨，所以会在清明后种一些谷，比如青谷、三遍丑等。清明后种谷，温度较低，谷种子在土里多久都不会烂，有雨了才会慢慢发芽。

　　种地盼雨，从谷雨盼到立夏，从立夏再盼小满，再从小满盼到芒种。

　　　　　　　　　　　　　　　　　　　　　　（文／李书吉、刘玉荣）

　　谷子也称粟，属于五谷之一。谷子起源于黄河流域，是世界上栽培最古老的作物之一，距王金庄不到 40 公里的武安磁山被誉为世界上粮食粟的发源地。距今约 8000 年至 10 000 年的磁山文化代表了北方旱作农业中的粟作文化，谷子在很长时间内是我国北方人民的主粮，在我国古代种植甚多。据史料记载，自先商至民国时期，谷子一直是涉县的主要作物。洪武二十四年（1391），"官民秋地九百六十一顷四十四亩（约 6409.6 公顷）"，民国时期的《涉县县志》记载："民国二十一年（1932），谷子亩产 45 公斤，年产额 787.5 万公斤；种植面积 17.5 万亩，占粮食播种面积的 45%，是涉县第一大作物。"

　　中华人民共和国成立后，谷子发展经历了几起几落。1949年，谷子占粮食播种面积的 29%，是涉县第二大作物，亩产 53公斤。随着高产作物种植面积扩大，谷子播种面积逐渐缩小，20 世纪 90 年代谷子播种面积占全县粮食播种面积的 16%，降为涉县第三大作物。由于养殖业的发展，玉米价格提高，谷子面积也缓慢缩小，加之退耕还林工程的实施，耕地面积进一步缩小。2008 年，谷子种植面积占粮食播种面积的 9%，进一步降为涉县第四大作物。

　　谷子是一年生草本植物，耐干旱、耐瘠薄，适合坡地种植。每年清明节到芒种，人们就开始陆续种谷，经间苗、追肥、中耕三遍，到秋分成熟。王金庄一直延续着传统的地方农家老品种及传统耕作方式。

通过多年的经验摸索，整个王金庄村形成了比较默契的种植方式——按山沟种植，即同一山沟都种同一种农作物，比如去年在西台（王金庄地名）种植谷子，整个西台的梯田都种谷子，今年这个山谷就不再种植谷子，而改换种植玉米，第一年种植谷子时掉落田里的谷莠子，可在第二年种植玉米时去除。这样的轮作种植模式，可以减少同一种作物长期种植形成的病虫害和杂草，从而减少甚至避免使用农药和除草剂。

石堰梯田的谷子，抗灾稳收，可储粮备荒，营养丰富，有利健康，人们将其誉为"三保险"作物，并在种植过程中不断改进种植制度。过去谷子种植多为春谷，一年一熟。谷雨至立夏播种，因受自然降雨规律影响，易受抽穗期的"卡脖旱"和灌浆期的沥涝、钻心虫、谷瘟病危害，十有九灾，产量低而不稳。后来逐步推广春谷晚播，5月下旬播种，9月上旬成熟，减轻了三害，产量大幅度提高。

经过千百年来的探索实践，人们总结出梯田种谷的成熟模式——17道种谷关键技术。

第一，选地。谷子一般要与玉米隔年种植，轮作倒茬，以减少病虫害发生。

第二，整地。需要秋翻秋耕（将种谷子的地秋季深耕后纳墒），春耕春耢（如无大雨则不耕），春季要拾掇地、修边垒堰。

第三，施肥。施肥以底肥为主，底肥以驴粪、花椒饼肥或草木灰等为好。

第四，选种。播前对上年留下的谷种进行选穗、脱粒。"好种出好苗，好树结好桃。"

第五，播种。适时播种，等墒不等时。常备三样种（指不同生育期的品种：稙谷、二耧谷、晚谷），谷子稙笨晚糙，谷雨至立夏均可播种，亩用种1.5~2斤。

春季种谷子

谷子播后镇压

第六，镇压。播后要镇压或顺垄踩压。"人勤地不懒，种田七分管。人哄地皮，地哄肚皮。"每个环节都要尽力做好。

第七，间苗。苗高10~20厘米时，及时除草间定苗，亩留苗2~3万株。农谚有"苗薅寸，顶上粪"。

第八，中耕三遍。

第九，选种。秋熟时，在田间选择穗大、秆儿壮、无病虫害、籽粒饱满、成熟度好的谷穗，单打单收单晒，用簸箕簸出秕粒、草籽、杂物等，将种子放一个容器里，敞开口，单独存放，留作下年播种用。

第十，收获。谷子植株变黄、籽粒变硬、穗基部没有青粒时，即可收获。从地里收割到场里，需避免风磨鸟啄造成损失。

十一，切谷。庄稼割回场里，用镰刀或剪刀将谷穗切下来，在场里晒1~2天，越干越好。

十二，上碌碡。打谷场上均备有石碌碡，安上碌碡框，套上牲口，转圈碾压，一边碾一边翻搅。

十三，碾场。将谷穗用石碌碡碾压脱粒，获得谷子。

十四，收堆。将谷粒从穗上碾下后，用木叉子将谷穰与谷子分开，接着用筛子将谷子筛下，将秕谷与谷子分离。

十五，扬场或风车扇。用筛子过好后，用木锨扬。扬场时得有适量的风，风力过大过小都不行。有的地方此道工序是用风车打，或用簸箕簸。

十六，晒谷。收获的谷子进行晾晒、脱水，便于保存。

十七，碾米。将谷子在石碾上进行碾米脱壳，获得小米。

虽然涉县的谷子种植面积不断减少，但王金庄一直保留着非常多的传统谷子农家老品种，加上这里的传统耕作方式，谷子食味好。2022年7月，河北省农林科学院把王金庄评作"中国起源作物基因多样性的农场保护与可持续利用项目——王金庄谷子地方品种保护与传统旱作农业示范基地"。

小米由谷子脱壳而成，通常在指作物和品种时用"谷子"一词，作为粮食和食物时用"小米"一词。根据小米米粒的颜色、黏性以及成熟期的早晚，谷子可分成不同的品种。王金庄目前保留的谷子品种，按种植季节可分为稙谷、二楼谷、晚谷。稙谷有来吾县、红苗老来白、马脱缰、压塌楼、马鸡嘴等；晚谷有落花黄、小黄糙。按颜色分有黄谷、红谷、青谷等。1986年编撰的《河北谷子品种志》记载了王金庄不少的谷子农家品种，像露米青、来吾县、压塌楼、屁马青、山西一尺黄等就是几个独具特色的品种。

露米青是涉县栽培历史悠久的特有农家品种，主要分布在邯郸西部山区。因种子成熟时呈青色，且有半个籽粒在外裸露而得名。露米青适宜种植在沟谷地，坡地风大，秀穗后容易摩擦谷穗，导致落粒；由于米粒外露，成熟后容易脱落且易感染粟粒黑粉病。露米青米质好，有一股米香味，煮粥或做焖饭、捞饭香而黏，很好吃；易煮，熬出来的稀饭比较黏稠，米油多，而且相比别的米不容易糊锅。民间认为露米青具有保肝护肝作用，是肝炎患者的食疗佳品。据传村里曾经有一中年男子得了肝炎，长期不见好。村里有一位老中医，劝他找一些青小米熬粥，每天坚持喝，看看效果。男子抱着不论是否有好转，喝米粥肯定没坏处的思想，连喝一个月的青小米粥，肝炎就好多了。后来，全村人就传开了，青色小米能治疗肝炎。一直到今天，只要你走入王金庄，大人小孩无人不晓。后来才知道，是这个米里含有硒，硒可以提高身体抗病能力。

来吾县主要分布在十年九旱的山区，以邯郸西部山区、丘陵地带为最多，在 20 世纪 80 年代，邯郸地区种植面积有 15 万亩左右。春夏播均可，适应性广，平原、山区都能种植，耐旱性强。1980 年遇特大干旱，玉米绝收，该品种仍每亩收 100 多公斤。来吾县属高度抗旱品种，常与玉米隔年轮作种植。抗病性较强，能抗谷锈病和谷瘟病。米质粳性。

压塌楼在王金庄有 50 年种植历史。压塌楼穗比较大，产量高很多，传说有人在楼房存放，结果把楼房给压塌了，后人就把这种谷叫作"压塌楼"，也有人叫"压塌车"。又有一说是，村里有个肯翘起（方言，讲笑话的意思）的老汉从地堰过，看见地堰那边谷穗又长又大，就隔堰拽了一穗，所以压塌楼也叫"隔堰拽"。压塌楼是稙谷品种，谷穗长，收成重，一般年份亩产 250公斤。只施农家肥不施化肥，熬出的米粥比较黏糊。秸秆可用作毛驴饲草。压塌楼可与玉米轮作种植，便于除草，达到用地养地的作用。缺点是产量高，谷秆儿太高，易倒伏。

屁马青是一个让人找不到命名理由的谷子品种，不少外地来的朋友问为什么叫"屁马青"，后来仔细观察，谷码和谷粒是青灰色，可能应作"皮码青"，叫着叫着就成了"屁马青"。屁马青谷穗带毛，一方面可防止鸟类或松鼠吃，另一方面谷穗遇风摩擦时，因为有绒毛保护不摩擦籽粒，不容易掉籽。屁马青、来吾县、压塌楼品质佳，米香，煮饭、焖饭都行。

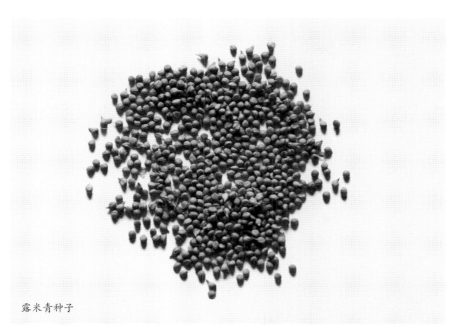

露米青种子

露米青幼苗

露米青的穗

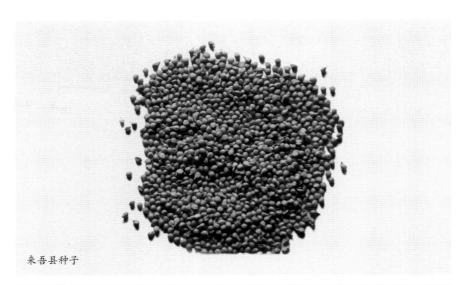

来吾县种子

来吾县苗期

来吾县的穗

压塌楼种子

压塌楼抽穗期　　　　　　　　　　压塌楼的穗

屁马青种子

屁马青的穗

山西一尺黄是村民王林定的爷爷从山西引过来的一个老品种。40多年前的一个秋天，王林定的爷爷去山西干活，路过一片谷子地，谷子长得特别好，谷穗有一尺长，谷码紧凑。主人站在地边，望着长长的谷穗，脸上带着笑容，准备进地收割。王林定的爷爷走上前和人家搭讪，想讨要几穗拿回家种种看是否适合在王金庄种植，那人就给了林定爷爷两个特别长的谷穗。第一年以两穗谷开始，第二年用秋收的新谷繁种，慢慢发展，种得越来越多。因为这个品种是从山西带回来的，穗能达到一尺长，谷米是黄色的，故称山西一尺黄。

　　谷子不仅是传统的主粮作物，也是药用食材。小米性凉，味甘、咸、入肾、脾、胃经，主要功用是和中、益肾、除热、解毒，可以治疗脾胃虚热、反胃呕吐、消渴、泄泻。陈小米还能止痢，解烦闷。这也是民间将小米用作产妇主食的主要原因。

　　王金庄的小米一直是家庭主妇的拿手食材。这里的小米色黄味香，质绵软，经常被用来做焖饭。将白菜或茄子等菜炒在锅里后，推至锅的一边，在锅里的另一边加水放入小米，再加少许盐一起焖熟，吃时锅里一半是小米，一半是菜，合着一起吃，所以叫"一半米一半菜"。或者将小米洗净，放入砂锅或铁锅中，加上南瓜、红薯、豆角等，有些人家还会放些葱调味，加高约两指的水，开锅后再焖大概半个小时，喷香的小米山药红薯焖饭就做好了。配上炒胡萝卜条、土豆丝、山上采的野韭花或农家自制的酸菜，营养又美味。小米焖饭就胡萝卜条在涉县民间被戏称为"金米捞饭人参菜"，就酸菜好吃开胃；就野韭花则别有风味；野韭花里加上青花椒汁，味道更佳。经常作为小米焖饭配菜的还有红白萝卜、干菜（如干豆角、干萝卜丝、南瓜干、茄干、干白菜、干扁豆丝）等。

　　如果是秋后来到王金庄，那一定会吃上铫台小米煎饼摊软柿子。先在石碾子上把小米磨成小米面，然后和白面一起加水调成糊糊状，待发酵后在特制的铫台（一种小锅）内抹一层薄油，将米糊均匀摊在锅底，片刻后即可成煎饼状，小火煎熟。在煎饼中间夹上其他调味小菜，味道更佳。王金庄人最喜欢煎饼夹软柿子，滑润甘甜，香糯柔软，好吃极了。

为了把陈年小米卖出去，或者将小米提高等级，一些不法商贩将陈旧小米漂洗过后，再用姜黄素、柠檬黄、地板黄、胭脂红等染成艳黄，冒充新鲜的优质小米，这会对人体造成伤害，甚至可以致癌。一般来说，新鲜小米色泽均匀，富有光泽；而染色的小米色泽深黄，缺乏光泽。新鲜小米有淡淡的芳香，而染色后的小米则有染料的气味。此外，新鲜小米用温水清洗时，水色不黄；而染色后的小米用温水清洗时，水色显黄。

红白事撒五谷习俗

结婚"撒五谷"始于隋唐年间，至今约有 1300 年的历史。《涉县井店志》记载，新娘下轿或下车时，由男方聘请一位父母健在、夫妻成双、儿女齐全的妇女，面对新娘，左手端着盛满"五谷"的升子（升：量粮食的器具，十升为一斗），右手抓起一把"五谷"不断轻轻地向新娘的头上、身上以及路上撒"五谷"，口念彩词，边撒边唱边退，祈祝幸福。

丧葬撒五谷的习俗亦载于《涉县井店志》：人死后，要入棺封表，俗称"入材"。一般在傍晚，入棺时地铺秆草，挪动棺材必须撒五谷，棺材下葬后，点着万年灯（长明灯），放在棺头，后封墓门。孝子填土三锹，众人再填，接近填妥时，于坟头撒上"五谷"，有孝子"拔富贵"之俗，含答谢"五谷"养育一生之意。

黍子和糜子为禾本科黍属的同一物种，总称"稷"，是一个物种的两个变种，一般按糯与不糯来区分，其中，黏性（糯性）为黍子，不黏的（粳性）为糜子。根据近代研究，糜（黍）起

小米豆籽稠饭、小米煎饼、小米稀饭

源于中国，中国的黍子起源于黄河流域。中国北方不仅关于糜（黍）的遗址多、时代久远，而且在华北、西北、东北地区广泛分布糜（黍）的近缘野生种和品种类型，染色体数与栽培种相同，还有丰富的品种资源，糜子也是中国最早有文字记载的粮食作物之一，中国历代古书中，有诗歌也有文字记载。在《诗经·魏风》中有这样脍炙人口的诗句："硕鼠硕鼠，无食我黍"，可见糜（黍）的栽培在先秦时期的重要意义。

黍生长发育较快，一般早熟品种生育期只有 65 天左右，晚熟的 80~90 天。黍子脱壳后称为黄米，王金庄现有的黍子传统品种为黄色不黏，颖果扁圆而光滑，淡黄色。

黍米俗称大黄米，简称黄米，有很高的营养价值和药用价值，籽粒中含有丰富的蛋白质、脂肪、氨基酸、维生素和矿物质元素。

黍子是传统的中药材，具有较好的食疗保健作用，《黄帝内经》《本草纲目》《名医别录》《古籍药理》等书中均有记载。黍子性味甘、平，微寒，无毒，入脾、胃、大肠、肺经，主要功能

黍子种子

黍子的穗

为补中益气、健脾益肺、凉血解暑；主治脾胃虚弱、肺虚咳嗽、呃逆烦渴、泻、胃疼、气虚乏力、中暑、头疼等症。煮熟、研末或淘取泔汁服用均可。黍子制成的黄酒常用作药引和烹调佐料。

传统食疗验方，如气滞食积方，食肉成积，胸满面赤不能食，饮黄米泔水。胃寒、腹泻方，脾胃虚寒、腹泻及肺结核低热、盗汗，黄米煮粥，常食。

黍子营养丰富，易吸收，食用价值较高，适口性好，食用方法多，且风味各异。北方常见的美食炸糕就是用黄米面做的：黄米面用温水搅拌，用手揉成半湿粉状，在开水锅的蒸笼里将面粉一层一层撒上，约 20 分钟后出笼，立即揉成面团，分成小块包入馅（豆沙、蔬菜、糖或红枣等以），放入热油锅内炸成金黄色，炸熟捞出即可。

黍子还可以做成黄米年糕。黄米面 500g，用温水和成面团，然后分成 10 个面剂，每个面剂捏成上尖、下圆、中空的金字塔形，在四周和顶上嵌上洗净的红枣 3~4 个，放入蒸笼内用旺火蒸半小时即可。

秋笔 摄

九　芒种·大豆

仲夏端午艾草香
大豆三夏播种忙

　　芒种，又名"忙种"，是夏季的第三个节气，一般于每年6月5~7日至7月19~21日交节。芒种，是"有芒之谷类作物应收可种"的意思。芒种，一候螳螂生，二候鵙始鸣，三候反舌无声。这个时节气温显著升高、雨量充沛、空气湿度大，为收麦之时。

　　梯田农人在芒种时节尤其繁忙。在王金庄，芒种至夏至这半个月是全面进入"三夏"的大忙高潮。第一，夏收新麦，"麦熟一晌，虎口夺粮，芒种收新麦，五月龙嘴夺食"，"一割、二拉、三打、四晒、五藏"就是麦收的五忙。第二，夏种，"春谷宜晚，夏谷宜早；芒种不种高山谷，过了芒种谷不熟"。晚播的豆类如黄豆、晚玉米要播种。第三，夏管，指的是植播的作物要间苗，锄小苗；育苗而成的菜蔬茄子、洋柿子、辣椒要移栽。

　　中国是最早种植黄豆的国家，5000年前我们的祖先就已经知道如何种植黄豆。古时候的商人忌讳"黄"字，所以黄豆被改称为大豆。

　　大豆的祖先是野生大豆。涉县的野生大豆分布十分广泛，2007年农业部在涉县设立野生大豆原生境保护点，对当地的野

割豆子

生大豆进行保护。

神奇的豆类

在王金庄，豆类作物随处可见。夏日，漫步在王金庄的梯田里，目之所及，到处是豆花，白的、紫红的、紫的、粉红的，一个个像正要振翅飞的蝴蝶，尽管大小、颜色不一，但都有两个像小翅膀一样的翼瓣和旗瓣，以及像蝴蝶身体的龙骨瓣组成，一个个小花偎依在丛丛豆叶里，格外耀眼。

豆子不仅仅是粮食，是蔬菜，还是零食。夏天，豆子是男人们的下酒菜；寒冬，豆子是一家人的早餐豆面汤；豆子还是超市里的大豆腐、干豆腐，风味咸菜里的凉拌腐竹，大锅菜里的黄豆芽，即使炒个菜也离不开的豆油、酱油、黄酱；蒸个包子吧，还是小豆馅。

驴骡也离不了豆子。到地里了，你得薅一把豆秸喂喂，秋收后，你得把豆秸收拾好，为自己的驴骡改善生活准备美食。春耕、秋耕要开始了，你得准备一瓢黑豆，犒劳一下驴骡，不然，它吃不好，干活也没劲。

豆子是人类和驴骡的重要食物，除此之外，它还关系着人类赖以生存的梯田的可持续生产。王金庄的梯田地处石灰岩山区，石厚土薄的梯田自开始修筑起，就是贫瘠土地的象征，如何培肥这瘠薄的梯田，先人为我们选择了种豆子。

当豆子开始发芽生长，大自然中的微生物根瘤菌便被其根毛分泌的有机物吸引而聚集在根毛的周围，并大量繁殖，同时，在根瘤菌的作用下，根毛细胞壁发生内陷溶解，根瘤菌由此侵入根毛，产生大量的新细胞，从而形成了外向突出生长的根瘤。据估测，根瘤菌可使豆类作物一年积累 40 斤氮肥，相当于 200 斤硫铵。同时土壤中的腐殖质也变多了。

小小的豆子，养了梯田，梯田又养育了生存在这里的人类。豆子是大自然的恩赐！

王金庄有谚语说："玉米地里带豆，十年九不漏，丢了玉米还有豆。"豆子的种植一般是套种在玉米、高粱地中的。在杂交玉米推广种植之前，由于常规种播种的玉米植株行距大，玉米套作豆类是最普遍的种植方式。近年来，随着玉米杂交种的推广和常规种播种面积的缩小，豆子的种植面积有所减少。但是王金庄人还在遵循谚语种豆子。

王金庄目前保存的豆类农家种十分丰富，共计十余个农家品种，按颜色分，有黄、黑、青、白等。人们会认为不同颜色的大豆，功能也略有不同。黑色大豆，是具有养生疗疾功效的黑色食品。据明代正德年间卢和编著的《食物本草》记载，黑大豆味甘平，无毒，炒食去水肿，消谷，止膝痛腹胀，除湿痹。王金庄目前保存的黑豆品种按籽粒大小可分为小黑豆、二黑豆、大黑豆。大黑豆是传统大豆品种之一，它豆质好，营养高，有一定的保健食疗作用，有活血解毒、滋阴补肾、乌发的作用。孩子尿频时，常炒着吃，炒时把黑豆倒入铁锅，加少量水和盐，也可煮熟再加盐。

小黑豆种子

小黑豆苗期

小黑豆花

小黑豆荚嫩荚

大黄豆种子

大黄豆

大黄豆（紫花）

大黄豆荚

王金庄目前保存的豆类农家种十分丰富，黄豆品种按籽粒大小可分为大黄豆、二黄豆、小黄豆。王金庄黄豆种植面广，用途多，耐干旱、耐瘠薄，可单独种植，更多是与玉米、高粱等套种。青豆包括大青豆、小青豆、小黑脸青豆等。

小黑脸青豆种皮为青绿色，种仁黄色，成熟后种脐两边有黑斑，像古装戏里包公的脸，所以当地形象地称其为"小黑脸青豆"，它是王金庄旱作梯田的豆类主栽品种之一。王金庄二街曹跃恩（1982年生）说，自记事起，家中就一直在种植小黑脸青豆，这个品种在当地种植历史至少有30年。小黑脸青豆是玉米田最主要也是最适合的套种作物，其耐贫瘠、宜套作、病虫害少、品质好、食用风味独特，因此是王金庄常见的豆类种植品种之一。小黑脸青豆豆味浓，营养价值高，同黑豆一样有补肾、乌发的保健作用。

在老品种的收集普查中，调研人员还发现一个食籽菜豆农家种——小白豆。王金庄五街李榜奎还保留有一些种子，但目前发芽率已经很低。据说小白豆口感好，品质佳，营养价值高，但产量较低，所以目前种植较少。

小白豆

小白豆，在王金庄失传已有七八年的时间。2019年6月，涉县旱作梯田保护与利用协会组织会员到王金庄1000多个农户家里收集老品种，曾在三街曹爱栾老人家收到小白豆，分别在2020年、2021年在倒峧沟试验田试种、种子由于年久，都没发芽。2021年年底，我在五街李书良家串门，偶然间发现他家还有8年前的小白豆，便提出想要借种子试种。尽管老人想免费赠与，但我还是硬塞给了大爷1块钱，因为种子是有价值意义的。

由于小白豆种子较少，如果种不出来，就意味着小白豆从此在王金庄彻底灭绝了，因此我种起来格外小心翼翼。

小黄豆种子

小黑脸青豆种子

小青豆种子

大青豆种子

2022年4月22日，我先将一些种子放在一次性纸杯里试种，由于气温偏低，试种失败。5月1日，我又将一些种子种在了门前的菜地里。五天后，三株露出了脑袋，我很是欣喜，朝夕看管，但还是很不幸被麻雀叼了脑袋，又一次试种失败。6月29日，在朋友的指点下，进行第三次试种。提前刨好坑后，往坑里浇水，使土壤保持足够的湿度。为了保证出苗率，每个坑里都撒上了10颗种子。甚至为了避免被麻雀吃，还在坑外圈上了圆形罩子。7月2日、3日，接连下了两个半天的小雨，适宜种植的温度、湿度都满足了条件，就静等着小白豆发芽。7月6日，十几株小白豆终于从土里露出了绿绿的脑袋，新的生命开始在土壤里生根发芽，充满了希望。7月17日再次查看，已有四五十株小白豆发芽，最高株高12厘米。7月23日，测量最高小白豆株高15厘米。8月31日，开出了第一朵洁白的小花，居然不是我潜意识中的大豆类的花，而是菜豆花，着实颠覆了我和朋友们的想象。9月14日，结上了豆荚，菜豆无疑，更确切说是全县唯一的一个食籽型菜豆。9月20日，测量豆荚，长9厘米，宽1.1厘米。10月18日，收获了表皮洁白光亮的小白豆子。从此，小白豆的种子，传承延续了下来。

（文／刘玉荣）

豆子的吃法很多，常见的有杂面条、豆沫儿饭、抿节、黄豆爆米花、炒豆子、豆沙包、豆芽、豆腐、豆浆等。将黄豆在石碓臼中捣成豆沫，滚豆沫汤；磨成面掺玉米面、白面擀成杂面条，压饸饹、抿抿节、磨豆腐等。

豆腐物美价廉，男女老少皆宜，尤其是可作为年老、无牙、肠胃功能不好的人的理想食物。做豆腐其实很辛苦，要经过选豆子、泡豆子、磨豆浆、滤豆渣、煮豆浆、卤水点、压榨等七八道程序，一般做一次豆腐要用十几斤豆子。给豆子添水，最上面用水磨磨成豆浆，中间用布过滤掉豆渣、豆皮等，下面用大石盆接豆浆。豆浆煮熟后再点成豆腐。在王金庄，一到过年或者家里有红白大事，总会做一锅豆腐，人们最爱吃的就是黑豆腐。腊月二十七八，每家每户做包子主要是白菜粉条的，这里的人特别是老人不太舍得买肉，大多是素馅的，就把豆腐加到馅里。

豆面汤，即豆浆，王金庄人的做法与北方其他地方不同，这里的豆浆是咸豆浆。将黄豆浸泡约半个小时，泡发后的黄豆放入石臼，用石槌捣成泥状的豆碎末，水烧开后将捣好的豆泥状的豆碎末倒入锅中熬煮，还可以在里面放入小米、南瓜、红薯等做成"一锅饭"，黄豆和小米的香味都很浓，混杂在一起极为诱人。原始的石臼捣出的豆浆香味浓郁，口感好。

豆沫汤是王金庄村民的主要早餐。小米面混合豆面，施入滚开的水中，加上花生、黄豆、粉条和些许蔬菜，咸香可口。

孩子们喜欢的是黄豆爆米花。将一小碗黄豆装入老式铁锅爆米花机中，根据个人喜好，适当加入食盐、红糖或白糖，将盖子卡紧，架在炉火上，一边烧火，一边转动铁锅，转动速度要均匀，大约五分钟过后，待铁锅口哧哧冒气时，也就是爆锅的时候，快速用力将摇把提起，放在准备好的圆桶铁网子里，一只脚踩住木支架，一手紧握铁锅摇把，另一只手快速打开铁锅盖子，随着一声巨响，黄豆爆米花就飞了出来。伴着孩子们的欢呼雀跃，浓浓的豆香弥漫开来。

端午节

到芒种节令，也就快到端午节了。每到端午节，王金庄人就会在太阳升起之前，把艾草挂在门头的两边；母亲也会给孩子的手、脚、脖子系上提前准备好的五色线，还会给小孩缝"包扎儿"（香囊），形状有小老虎、小马、小鸡、布娃娃等，内装艾草、苍术、藁本、甘草等中药材，从远处就能闻到香味。王金庄的人心疼驴，在端午这一天也给驴戴

铁锅爆米花机

上五色线，保它平安。人们认为从此日起进入炎夏，人易染病，因而系五彩线（俗称花花线），在门口插艾束，以消灾避瘟疫。

王金庄大部分人家在这天会炸油糕。过去，炸油糕是以一斤玉米面配六七两水，用开水和面，即所谓烫面，软硬和做窝头的面差不多。把烫好的面放案板上晾凉，放一点发酵粉，揉成团，擀成片，包入白糖，锅里放油，八九成热时，放入捏好的油糕，炸熟捞出。按习俗，女婿在这一天要给岳父母家送油糕，祝愿老人节日安好。现在，人们一般会直接买些奶粉、酒、鸡蛋或点心送给岳父母，以表孝心。

王金庄人期盼端午节能够下雨，五月从初一到初五有雨，有"五月端午有雨就是好年景"之说。另有"一止风，二止旱，三止冰雹，四止烂，初五下了丰收年"之说，意思是从初一到初五，每一天下雨都是好兆头，都会给农业生产带来好兆头。

秋笔 摄

十　夏至·豆角

夏至要锄根边草

粮菜两用说豆角

夏至一般在 6 月 21~22 日至 7 月 6~8 日。夏至虽然阳气较盛，且白昼最长，却未必是一年中最热的一天。夏至以后地面受热强烈，空气对流强，易形成雷阵雨。《礼记》中记载，夏至三候：一候鹿角解，夏至日，阴气生而阳气始衰，所以阳性的鹿角便开始脱落，而麋因属阴，所以在冬至日角才脱落；二候蝉始鸣，雄性的知了在夏至后因感阴气之生便鼓翼而鸣；三候半夏生，半夏是一种喜阴的草药，在炎热的仲夏，一些喜阴的生物开始出现，而阳性的生物却开始衰退了。

俗话说"夏种不让晌"，夏播工作要抓紧扫尾，已播的要加强管理，力争全苗。作物出苗后应及时进行间苗定苗、移栽补缺、锄小苗。夏至过后锄小苗就成为夏季田间管理的主要农活了。

锄地：头遍刮，二遍挖，三遍四遍地皮擦

农谚说："夏至不锄根边草，如同养下毒蛇咬。"夏至时节，夏播工作要抓紧扫尾，已播的要加强管理，力争全苗。出苗后应及时进行间苗定苗。这时各种杂草和庄稼一样生长很快，与作物争水争肥，因此抓紧

摘豆角

中耕锄地是夏至时节以及后面的小暑、大暑两个节令的重要农活。

今年的夏至，王金庄总共下了三场小雨，每场小雨只是湿了一下地皮。山地杂草多，下一场雨出一茬草，稍一疏忽就锄不完了，如果当年锄不干净，"一年赏下十年的草"，以后更麻烦。灰灰菜、千穗谷、天牛郎、狗尾草……一个比一个结籽多。满地杂草绿油油、密攒攒的，起早贪黑一天也锄不了多少。一遍还没锄完，后面又出一层，又赶紧锄第二遍。自从花椒成为支柱产业后，摘花椒就顾不上锄地了。所以摘花椒之前，夏至、小暑拼了命地干。

"头遍刮，刮净草"，锄谷子第一遍目的就是间苗锄草，不要求深挖，称为"头遍刮"。谷地草特别多的，就不能按通常的锄法去锄。先用大锄轻轻地浅锄一遍，把背垅上的小草灭掉。使用大锄灭草，只能往前推，能浅不能深，目的是把杂草推出来。大锄不能往回锄，否则容易埋住垅上的小谷苗。锄小苗用像镰刀一样大的小锄，一边拿小锄培土，一边间苗薅草。这些动作是蹲着干的，累了就跪下，蹲一阵跪一阵。连锄带蒌带培土，轻轻把草弄干净，把苗间开培好土。

"二遍挖，深挖地，挖地挖得深，泥土变成金。"渐渐地，苗长大了，根系也发达起来，需要疏松的土壤和大量水分。这时锄地就需要用点力气了。小时候偷懒，假装身上无力，母亲就说："不想动？去拉二遍来！"拉二遍就是锄二遍地，说明锄二遍地是最吃力的活。王金庄女人称自己的丈夫为"受苦的"，时至夏至，你问她丈夫去哪里了，她会告诉你："俺受苦的去岭沟拉二遍了。"不论锄谷还是锄玉米，最好揽上一垅，左一锄、右一锄，顶头再来一锄，满过子然大瓮堆（"子然"，民间俗语，意思是作物棵与棵之间的距离；"大瓮堆"俗语意思是"大土堆"），三次都往庄稼上收锄。拉二遍须用力，急拊猛拉。这样一是疏松土壤，保证渗水，二是便于蓬土盖草。猛拊一下，可以覆盖住闪下的小草。大致就这么回事，具体还要在实践中灵活一些，比如没锄彻底还可以回回锄，往后推一堆，刚下过雨的湿地也要左右扑勒一下防止押栽。

锄过的地，堆是堆，坑是坑，单看坑坑洼洼，满看又平平整整。大雨来临，从石堰向地里望去，会看见满地水坑，明溅溅的。农谚云"锄头上有水"，说明中耕锄草、松土保湿、提高土壤水分渗透的重要性。小暑大暑，虽是雨季，但太行地区往往雨量不够充沛，深锄主要作用在保湿保墒。

"三遍四遍地皮擦。"锄三遍时，大约在立秋前，庄稼渐渐成熟，再深锄对根系会有影响，所以不能深挖，这一遍要以灭草为主。王金庄有玉米地里点豆角、谷地堰根栽豆角的种植习惯，锄三遍时，豆角秧或缠绕在谷秆上，或缠绕在玉米秆上，很不好锄，而豆角秧覆盖的地方，一般没草，既然三遍是锄草的，没草的地方就可以闪下不锄。有人就只把堰根堰边有草的地方锄一锄。要浅浅地锄，不要挖根，要像刮胡子一样，刮净草就算。

有的人很用功，每一年每一遍都锄得很认真，他们的地里干干净净的，锄两遍就可以把草锄净，但他们都要多锄几遍，不只为锄草，也为丰收。农谚云"谷锄八道吃干饭，豆锄三遍荚成串"，"花生最爱锄头声，一次锄来一次青"。

锄的遍数多，谷子出小米的比例高。"锄谷三遍，八米二糠"。谷粒收获后，在食用前要脱粒，脱粒就是推米。一般来说，谷粒变成小米，要产生两分的糠，也就是一斤谷粒只能生产八两小米。如果锄的遍数少，一斤谷还产不出七两小米。锄的遍数多，小米的味道也更好。有人种上谷子就出去打工了，一遍也不锄，收割时谷穗大的大，小的小，这种谷推出的小米不好吃。

（文／李彦国）

夏至高山不种田。而此时的王金庄，已经连续一个多月干旱高温，土层较厚的渠洼地还没种植，耐贫瘠的黑枣树、花椒树也没了往日的精神，卷着叶子；核桃树下更是落果遍地；连最耐旱的野生楼斗菜，也有了焦黄枯叶。王金庄人为将抗旱效率最大化，在灌溉豆角、南瓜等蔬菜时，先用锄头在植株间勾成垄，把水灌到沟垄里，再拿干土覆盖，减少土壤表层水分蒸发。

按理说，到夏至本不应再播种，但王金庄十年九旱，有谚语说"立夏不下，旱到麦罢"，意思是，立夏不下雨，就会一直旱到小麦收获才罢。如果一直旱到夏至时节，王金庄人会祈盼一场透雨。这时立夏种植的稙播品种就不能种了，只能种二楼种的品种或晚播品种，比如小黄糙谷子、落花黄谷子、红软谷、生长期短的黍、小黄豆、三糙黄玉米、三糙白玉米、狸麻小豆、绿豆等。

种地总会有闪失，容易缺苗或断垄，为了不使地闲，就要及时补种，这是夏至的一项重要农活。谷地缺了苗，补种黍子；玉米地缺了苗，补种豆子；堰边缺了苗，补种萝卜菜根。地种百样不靠天，这样不收那样收，只要及时种上，总会有收成。

王金庄主要是以旱作的种植业为主，人们的饮食也以素食为主，没有足够的动物蛋白，富含植物蛋白的食用豆类就成为王金庄人蛋白质的主要来源。

食用豆类是人类三大粮食作物（谷类、豆类、薯类）之一，也是人类驯化栽培的最古老的作物之一。食用豆类作物按食用部位又可分为两大类，一类是以收获的籽粒作为食用部分，如大豆、小豆、绿豆、赤豆等，一类是以收获的嫩荚作为食用部分，如各类菜豆、扁豆、豇豆等。在王金庄，除了各类大豆小豆等豆类的粮食之外，丰富的豆类蔬菜，也是蛋白质的重要补充。

豆角品种不同，生长周期也不同，一般是清明和小满时节种植，八九月份收获。而时至夏至，各类菜豆、豇豆，就陆陆续续伴随着"拉二锄"进到人们的菜篮子里。

在众多食物中，先人们通过亲身试验，选择了豆类蔬菜，保障了身体康健。在当地流传着这样一个"赵等柱吃豆角"的故事：

民国后期，王金庄三街赵等柱，当年种山地时住在山上的石窑和石板房里。为了比较一下吃什么干活有力气、能把人养胖，赵等柱做饭时，以十天为一个周期，只吃一样菜，十天后换一样。前十天赵等柱只吃山药，接着十天只吃萝卜，而后豆角、茄子、南瓜等等。最后，他发现，吃了豆角干活最有力气、最扛饿，其他的蔬菜都不如豆角。比如只吃南瓜，"吃时撑，干时懵"，吃时撑死，干活时饿死。所以营养最高的是豆角。

也许是受赵等柱吃豆角的影响，现在王金庄人特别注重栽豆角，不管是梯田堰边还是山坡边角，只要是空闲的地方，几乎都会栽上各种各样的豆角，据初步调查统计，各种菜豆有十余种，还有豇豆、扁豆等。从端午节开始一直到寒露霜降，在梯田的石堰上、花椒树旁以及路边堰头上总会看到各种各样的豆角。

（文/赵生贵口述，刘振梅、王林定整理）

菜豆，也称四季豆，俗称豆角，在王金庄梯田里广泛种植，

红没丝籽种

红没丝苗期

红没丝

黑没丝籽种

黑没丝

品种较多，可分为绿、紫、花等有筋豆角和黑、红（黄）等无筋豆角。黑没丝豆角是无筋豆角的代表。据王金庄四街刘宝金讲述，黑没丝对种植时间和土地要求都不高，从早春到晚春都适合种植，耐旱，病虫害少，最适合种植在谷地堰根或堰边，可与玉米间作套种，而在山药地边长得更旺，较晚熟。清明后播种，寒露节后其他蔬菜都下架了，黑没丝是最后一道好菜。黑没丝豆角颜色呈绿色并带褐色（暗紫）花纹，种皮灰白色，带黑褐色花纹，豆荚肉厚绵软，豆粒饱满，具有独特的风味和食用价值。红没丝豆角（也称黄没丝），除了颜色外特性与黑没丝相似，不过红没丝豆荚结得很稠（多）。在王金庄，红没丝也被叫作"相思豆"，在牛郎织女的故事中，织女被天兵天将带回天庭时，对心爱的牛郎和给她找到人间真爱的白马留下伤心泪，泪滴成泉，生长在旁边的豆科植物红没丝豆籽上有了花纹，就成了相思豆。

豇豆是世界上最古老的作物之一，《食味杂咏》记载："裙带豆，即豇豆，北方呼为豇豆。……于七月盛产，俗名裙带豆。"王金庄的豇豆主要有两类，菜豇豆和饭豇豆。菜豇豆，俗称长豇豆，有两个农家种，紫豇豆和绿豇豆，二者颜色不同，另外紫豇豆较短，绿豇豆较长。王金庄绿豇豆种植得较多，紫豇豆较少。

豆类嫩荚，常见的做法有豆角面片汤、茄子烧豆角、炒豆角、炒眉豆丝、凉拌豇豆、煮豆沫儿饭、菜锅小卷、豆包、抿节等。扁豆角还能切成条，油炒、醋溜，别有滋味。菜豆的籽粒和嫩荚营养丰富，有一种特殊的香味，可与面粉、玉米、小米一起煮作主食，也可配菜，嫩荚、嫩粒也可配肉炒、炖、做汤等做成各种佳肴。豆角的嫩荚还可以晒干后留存到来年吃。菜豇豆嫩叶和幼苗均可做菜用，豆角长达二尺以上，可连豆角皮一起做菜。

另外还有一种吃豆籽的饭豇豆，俗称狸麻小豆，其豆籽煮熟后香软粉面，可掺入小米中做豆饭、煮汤、煮粥等。

菜锅小卷是王金庄的一种特色美食，在蔬菜多的季节较多

花皮豆角　　　　　　　　紫豆角

食用。这里的小卷是用面粉做的，面粉加水搓揉成面团，不发酵，直接擀成片状，放油、芝麻面、盐，然后卷起来切成段。小卷的体积要小（边长约 5 厘米），这样蒸熟的时间短。菜锅小卷里的菜以时令蔬菜为主，一般用紫豆角、青豆角、绿花豆角、西红柿、茄子等，也可以加肉或鸡蛋。像大烩菜一样，把所有的菜一起炒匀，加好调料和盐，待菜四五分熟时，加水适量（以防糊锅，水量足够保证小卷可以蒸熟），把小卷摆在蔬菜上面，蒸10~15 分钟即可，期间不要搅拌。豆角熟了，小卷也熟了，这就是菜锅小卷。

农历六月六羊群出坡，为羊倌改善伙食

六月之后，山上草叶繁茂，羊群更适合在山坡上散养。于是祖先定六月六为羊群"出坡"的日子。中午吃顿好的，下午放羊人驱赶着羊群，拿着被褥、炊具到离家远的山上驻坡，至天冷时才回家。又有说法

是中午吃饭前先敬山神爷，让山神爷保佑羊群四季平安。

王金庄养羊有着悠久的历史。饲养方式多为把每户的羊集中起来，雇一个或几个放羊工专门放牧，有少数几个大户就够一群（100~150只），俗称"一根棍"。分户集中放养的羊，羊毛、羊绒及卖羊的收入归各户，喂羊的盐和雇羊工的钱自付。羊粪是最好的农家肥，是养羊的主要效益之一。羊粪肥的分配形式有几种：一种是以养羊多的户为主，他要自找羊圈，羊粪也归他；一种是几家的羊群并在一起，共建或租一个羊圈，粪按养羊的多少进行分配；还有一种是一群或几群合群，到收割了的地里"卧地"，按群数、时间长短付一定钱或米。王金庄最多时全村有羊16群，近2000只。

过去王金庄很多人家都养羊，但羊圈地方小，家里也难于准备足够的草料，就需要到远离村庄的山上去放羊。这样一是因为天气转热，羊群如果养在村庄附近，羊圈以及羊群会产生羊膻味，影响村民生活；二是到山坡放养，山上丰富的青草能够把羊喂好、喂饱；三是可以让羊把羊粪拉撒在远离村庄的梯田里，使得偏远的梯田都能得到羊粪的滋养。这就产生了羊倌这一职业，专门负责把各家的羊集中起来到山上放养。羊倌一般要在山上放羊三个月，就住在石梯田里的石庵子里。为了犒劳羊倌，感谢他所付出的辛苦，便设了六月六这样一个节日，为羊倌做些有营养的餐点，各家人也顺便跟着吃点好的改善一下生活。一般六月六这天会吃面条，或者擀饼、蒸馍。

现在为了保持当地水土，避免山羊啃食草根造成水土流失，政府部门已经禁止在山上放养羊群，羊倌这个职业也逐渐消失，但是六月六改善伙食的习俗并没有被丢弃。

秋笔　摄

十一　小暑·扁豆

禾豆锄三仓仓满
到处柴胡扁豆花

　　小暑，一般在每年7月7~8至7月20~21日。小暑一候温风至，二候蟋蟀居壁，三候鹰始击。小暑为小热，"小暑不算热"意指天气开始炎热，但还没到最热。每年的"夏至三庚日"就是入伏，即从夏至后第三个庚日（一庚日是十天）算起，初伏为10天，中伏为10天或20天，末伏为10天。小暑进入雨季，常有山洪暴发，但也常常出现伏旱，对农业生产影响很大，农谚说"伏天的雨，锅里的米"，必须及早抗旱、防洪，尽量减轻危害。

　　此时农作物都进入了苗壮成长阶段，中耕锄草要及时；"伏天挠破皮，顶上秋后犁一犁"，需加强田间管理。谷子、玉米在王金庄历来是种植面积最大的，也是主要口粮，是需要较细管理的农作物，整个生长期需要中耕三至四次，其中第一遍一般在夏至到小暑进行，拉二锄就要在小暑节气。

　　小暑过后，北半球白昼开始逐渐变短，气温高、湿度大。暑者，《说文》曰："热也。"《释名》曰："热如煮物也。"暑近湿如蒸，热近燥如烘。小暑时节，往往热浪纵横，难得一丝清爽之风。在"雨热同季"的季风气候中，天气正逐步进入雨季，但有时会遭遇伏旱，这对农作物的影响非常大。

犁种都不费劲，锄的时候就难了。山地杂草多，下一场雨出一茬草，稍一疏忽就锄不完了。拉大锄可不是闹着玩的，累得很，戏里的银环说："前腿弓，后腿蹬，累得腰酸脖子疼。"

小暑节令，扁豆角陆续长成，开始成为日常食用的主要菜蔬。王金庄的扁豆角有很多种，按豆角的荚色主要有青扁豆、紫扁豆、白扁豆，按花色分为白花、紫花两种，目前有白花绿扁豆、紫花绿扁豆、紫荆绿扁豆、紫扁豆、小白扁豆五个农家种。

扁豆一般种植在梯田石堰根儿，藤秧沿石堰向上攀爬，成为当地梯田一大景观。扁豆也可以种植在玉米地、高粱地里套种，早晚播种都行。一般在清明至小满播种，正常年份播种50天左右就开始结豆角，耐热性较强，花期长，对调剂夏秋淡季蔬菜供应有一定作用。一直到寒露，扁豆都是人们餐桌上的主菜之一。

扁豆的嫩枝、嫩叶、嫩荚和成熟种子均可食用。嫩荚是味道独特的豆类菜蔬，而豆粒也极富有营养。扁豆嫩荚与鲜豆因含氢氰酸，食前应充分煮食。将扁豆角切成像土豆丝宽窄一样的扁豆丝，在房顶上晒干，可以留到来年春天做豆角焖面或抿节煮着吃。如果吃新鲜的，一般也是切成丝和土豆丝、粉条一块炒着吃，也可以切成段和肉一块炒着吃。扁豆茎叶可作家畜饲料。豆秸可作干草。扁豆也可作绿肥作物和覆盖作物栽培。

据王金庄一街付书勤讲述，扁豆留给王金庄人太多的记忆，家家户户都存放着救命的绿扁豆——秋天收回来，煮熟，晒到房顶上，晒干后存放起来，成为全年的主要蔬菜。锅里下一点米，煮上干扁豆，连籽带皮一同下锅。

近年来，道地药材柴胡逐渐成为涉县中药材中的特色。柴胡属伞形科植物，和当地的胡萝卜相似，主要在雨季来临之前种

绿扁豆角种子

绿扁豆——荚、豆籽

植，还必须进行一定的覆盖，才能较好出苗。《神农本草经》记载：柴胡，味苦平，主心腹，去肠胃中结气，饮食积聚，寒热邪气，推陈致新，久服，轻身明目益精。意思是说柴胡味苦，性平，主治胃肠内气积聚不散，饮食积聚不化，有寒热邪气使人发冷发热等症状，并能推陈出新，长期服用则身体轻巧，眼睛明亮且补精、固精。涉县位于太行山深山区，山峦叠嶂，沟谷纵横，曾经是历史上著名的"津柴胡"原产地，明嘉靖三十七年（1558）《涉县志》即记载柴胡为特产，抗日战争期间，八路军一二九师卫生部在涉县期间，利用当地的道地药材柴胡，研制出第一支柴胡注射液，开创了中药西制的先河。

近几年来，为了利用当地的野生资源给老百姓创收，当地技术人员与有关科研院校开展联合攻关，开发出了"柴胡玉米套种轮作集成技术模式"：玉米宽行播种，在玉米生长达到50厘米左右高时，正好到了6月底7月初，进入雨季，土壤和空气湿润，同时玉米植株形成了遮阴效果；这时套种柴胡，在玉米行间播种，每垄播种三行，亩播种量2~2.5公斤。秋季玉米正常收获，玉米收获后柴胡小苗生长达到10厘米左右高。第二年春季，柴胡发苗快、生长快、封垄快，生长过程基本不用管理，秋季收获柴胡，每亩产量在40~60公斤。玉米套种轮作柴胡，雨种雨养，不仅实现了玉米种植结构的调整，又促进了柴胡生产的规模化发展，形成了特色产业，显著增加了农民收入，形成了中药材产业发展的典型模式。2014年"涉县柴胡"获得农业部农产品地理标志产品认证。2016年12月，涉县柴胡又获评国家质量监督检验检疫总局的"国家地理标志保护产品"。

在王金庄还有很多野生的药材，比如丹参、桔梗、黄芪等。农户种植的柴胡，也都是采用柴胡玉米套种轮作的模式。农户种植的柴胡每斤是30多元，但野生的能卖到40多元。在农户的认识中，柴胡是可以退烧的。当农户做农活时中午在地里野炊，

小白扁豆

紫荆扁豆

紫扁豆角种子

紫扁豆、花英

山地柴胡种植

煮水时会加黄芪和柴胡，柴胡退烧，黄芪消炎退火，一起煮水喝对身体好。

柴胡

秋笔 摄

十二　大暑·西红柿

上蒸下煮齷齪热
果蔬清凉连翘茶

　　大暑是夏季最后一个节气，一般在每年 7 月 22~23 日至 8 月 6~7 日交节。大暑一候腐草为萤；二候土润溽暑；三候大雨时行。

　　大暑节气正值"三伏天"里的"中伏"前后，是一年中最热的时期，光照充足、降水丰沛、高温湿润的雨热同期，农作物生长最快，俗语称，"大暑连天阴，遍地出黄金"。大暑时节，如果只是很热却不下雨，那就不是好事，因为此时气温高，生长旺盛的农作物需要雨水。如果降雨多，粮食收成就有保障；降雨稀少，则可能出现伏旱天气，影响农作物的长势，产量就会大大减少。

　　大暑时节也是秋季菜蔬种植关键时期，同时，旱、涝、风灾等气象灾害也最为频繁。适时抢种、抗旱排涝、防台风和田间管理等任务很重。

　　大暑，正值"三伏天"，"头伏萝卜，二伏菜"，此时正是白菜类蔬菜、胡萝卜、芥菜、菜根（蔓菁）、小菜等播种的关键时机，也是谷子、玉米锄三遍地的时候，也正是桃、梨、西红柿、茄子、辣椒等各类应季果蔬上市之时。随着大暑节气的到来，这

老洋柿子

里的道地药材连翘也迎来了最佳采收时期，连翘也成为现在梯田增加效益的重要作物。

　　而大暑之后，茄子、辣椒、西红柿等育苗移栽的茄果类蔬菜开始进入人们的日常食谱。本地西红柿有两种，俗称"老洋柿"和"小洋柿"。老洋柿，1941年由时任八路军一二九师生产部长、留美农业专家张克威引进示范推广。在多年种植过程中，又引进了"小洋柿"。西红柿一般种植在梯田堰边，秧子从上面垂下来，既能较好地通风透光，又不占用梯田耕地，还能增加菜蔬种类与

老西红柿

产量。可以生食、煮食，加工成番茄酱、汁或整果罐藏。

老洋柿，也称番茄，春天清明之后露地育秧，芒种前后移栽至梯田，大暑前后开始挂果成熟采收，开花结果后光挑红的吃可以连续吃两个月。番茄果实营养丰富，具有特殊风味。还没有熟透的青色的老洋柿和青椒一块炒，抿上抿节或面片，当调料小菜吃。有时候还会将青色的老洋柿切成丝，和土豆丝一块炒菜，也是一种美味。

洋柿子熟透时像个红灯笼，水灵灵的，挂在梯田的石堰上，格外引人注目。其蔬果皮薄，果肉粉红色，内容物多，切开呈梅花状，洋柿子特有的味道扑鼻而来，轻轻咬下一口，酸味瞬间充满整个口腔，汁也随着嘴角流了下来，有的果肉还特别沙，味道酸甜可口。

制作西红柿酱，要挑选无腐烂、无病虫害的成熟红透的西红柿，洗净后放入蒸锅里蒸熟，剥去皮，捏碎，放入瓶或罐中；碗里倒入白醋、五香粉（根据个人爱好选择）、白砂糖、食盐，完全溶解并混合均匀后，倒入装有西红柿酱的容器中，密封，七天

圆茄子

长茄子

后取出，是炒菜做汤很好的调味剂。

茄子，原产印度，栽培历史也有三千多年了。王金庄本地茄子有三个品种：细长茄子、短粗茄子、圆茄子，都是紫皮。由于圆茄子籽多，细长茄子和短粗茄子籽少，所以种植后两者的多一些。茄子与西红柿相比，除维生素 A 和维生素 C 的含量较低外，其他维生素、糖、铁、磷含量都很接近，蛋白质和钙则明显高于西红柿。紫茄子还含有大量维生素 P（又名芦丁），它可以预防治疗高血压、防治脑出血、视网膜出血、急性出血性肾炎等。日常生活中，常吃茄子对身体大有裨益。人们会将土豆、茄子、西红柿一起切块炒；或是将茄子炸一下，炒地三鲜；吃面片时，也可以放上茄子。吃茄子时，一是最好不要削皮，因为茄子皮中含有大量营养成分和有益健康的物质；二是最好先将茄子蒸一下再烹饪，避免直接烹饪吸油过多。

民谚"秦椒辣嘴蒜辣心，芥末辣住鼻梁筋"，在许多辣味食材中，葱、蒜、姜、辣椒被称为"四辣"，其中辣椒又是辣味的代表。王金庄本地有四个辣椒品种：朝天椒、小辣椒、大辣椒、

朝天椒

菜椒。朝天椒最辣，小辣椒次之，大辣椒随后，菜椒就是青椒，不辣。吃饭时加一点辣椒，会感到浑身发热，筋骨舒展。吃辣椒还能防止因寒湿引起的风湿性关节炎、慢性腰腿疼等。辣椒是人们普遍食用的调料，也常作菜蔬而直接食用，生食、煮食、醋浸、盐渍、腌制、干制、酱制均可。

大暑节气，王金庄的桃梨也陆续成熟。

桃子素有"寿桃"和"仙桃"的美称，因其肉质鲜美，又被称为"天下第一果"。桃在我国已有 3000 多年的栽种历史，位居五果之首。2000 多年前，桃沿丝绸之路传到了波斯，公元 6 世纪传入法国，11 世纪传到阿拉伯国家，13 世纪传入英国，16 世纪传入墨西哥。到今天，桃已经在全世界开花结果。

桃是王金庄庭院主栽果树品种之一，主要有两个品种：山桃和荚桃。

山桃，俗称苦桃、野桃、山毛桃，生长在海拔 800~1200 米的山坡、山谷沟底或荒野疏林及灌木丛。核果近圆形，黄绿色，表面被黄褐色柔毛。种仁可入药，具有活血行淤、润燥滑肠的功效。山桃可作桃、梅、李等果树的砧木，也可供观赏。山桃抗旱耐寒，又耐盐碱土壤。荚桃栽在房前屋后院内，这种桃果肉清津味甘，除生食之外亦可制干、制罐。桃树干上分泌的胶质，俗称桃胶，可用作黏接剂等，可食用，也可供药用，有破血、和血、益气之效。

桃不仅是人们喜爱的神仙果，在民间更蕴含着吉祥的寓意。人们给老人过生日做寿时，总要蒸上桃形的馒头，以祝福健康长寿。民间还有桃木能避邪的说法，新年伊始，门悬桃木刻成的图案，叫作"桃符迎新"，是为吉祥。

除了桃以外，梨也是当地庭院主要水果之一。

王金庄梨的种类也不少，有鸭梨（白梨）、秋梨（秋子梨）、杜梨。小时候最难忘的是梯田里的小杜梨。这种小果子，长在梯

秋子梨

田的堰边、山坡上，尽管小果枝上长满小刺儿，一不小心就会被扎，但那一骨朵五六个、七八个在一起，小土球一样，吃起来酸溜溜的，总会引诱你忍不住捯一把，酸得人龇牙咧嘴，可吃了还想吃。听老人们讲，过去在荒年，人们会把它捯回去闷一闷，搅上一些谷糠当饭吃，只是它的果核太大，其实并没有多少果肉。

梨果实味美汁多，甜中带酸，营养丰富，含有多种维生素和纤维素。不同种类的梨味道和质感完全不同，既可生食，也可蒸煮后食用。梨不仅清脆甘甜可口，而且可以滋肺阴、止烦渴、治热痰，具有养阴清热、降低血压的功效，还可以通便秘，利消化，对心血管也有好处。民间有"生者清六腑之热，熟者滋五脏之阴"的说法，煮熟吃的梨谓之"热冬果"。

王金庄人一到伏天，总会去地里摘一些连翘回来，阴干。如果感冒了，开水泡几颗，一喝就好了。连翘过去人们叫"黄花筒"，这几年县里大力推动当地的连翘产业，漫山遍野的连翘，现在成了比花椒还吃香的致富产业。一到暑伏之后，人们采连翘比摘花椒都当紧，一些荒废的梯田也开始种植连翘了。地处北方山区的王金庄，历史上没有种茶的习惯，王金庄人也多数没有喝茶的习惯，但是人们在头疼脑热的时候，就会选择田间一些野生药材，制作成药茶食用。王金庄做的药茶有连翘茶、大叶鬼圪针、蒲公英茶、酸枣叶茶、柿叶茶。

连翘茶：尽管我无心附庸风雅，但在昨天，大娘在山上采了好多两叶一心的连翘芽，让我炒茶吃。谷雨采的是最新鲜的连翘嫩芽，我很欣喜，便将连翘芽清洗干净，晾至阴凉处蒸发水分。今早，待水烧开后，把连翘芽上锅蒸三至五分钟，中间不停地用筷子翻转。连翘芽蒸好后，放在锅里用小火炒，不断地用手搓，使其蒸干水分，成卷，最后再放在阴凉处晾干，这样，清香淡雅、消炎去火的连翘茶就做好了。在这清浅的时光里，煮一壶茶水，慢慢酌饮，别有一番滋味。

（文 / 刘玉荣）

大叶鬼圪针：既有普通茶的效果，还兼有治疗高血压、动脉硬化的功效。每年在立秋前后，将大叶鬼圪针采回，切成 1.5 厘米左右，阴凉处晾干。

蒲公英茶：既有普通茶叶的特性，又有清热解毒、治伤风感冒的功效。每年在清明节，将蒲公英连根采回，将泥土洗净，放入砂锅蒸三遍，搓三遍。

酸枣叶茶：具有消食、去火、解毒、味浓郁等功能和特点。端午节前后，采酸枣尖叶，只要每棵尖上的三至五片叶，泡制方法与连翘叶相同。

柿叶茶：既有茶的功效，还有治疗高血糖和动脉硬化的功效。每年进入霜降节气，从柿树上将柿叶采回，用水淘净，放入砂锅蒸 10 分钟，阴凉处背干。

涉县宣传部提供

十三　立秋·花椒

石堰梯田花椒树
村民致富兴旺路

　　立秋是秋季的第一个节气，一般于每年公历 8 月 7~9 日至 19~21 日交节。立秋是阳气渐收、阴气渐长，由阳盛逐渐转变为阴盛的节点。古人概括的立秋三候是：一候凉风至，二候白露生，三候寒蝉鸣。意思是立秋过后，刮风时人们会感觉到凉爽，此时的风已不同于夏天的热风；接着，大地上早晨会有雾气产生，并且秋天感阴而鸣的寒蝉也开始鸣叫。气有节，风有度，从小暑"温风至"到立秋"凉风至"，风是邮差。

　　进入秋季后，气候由夏季的多雨湿热向秋季的少雨干燥过渡。在自然界中，阴阳之气开始转变，万物随阳气下沉而逐渐萧落。草木的叶子从绿色变为黄色，庄稼则开始成熟。

　　农谚说，"立秋前三天稙白菜，后三天晚白菜"。白菜要抓紧播种，播种过迟，生长期缩短，菜棵长得小且包心不坚实。夏白菜、早秋白菜栽植后活棵前，应早晚浇水抗旱保苗。莲座期（指白菜长出八片真叶到开始包心的一段时间，这时也是白菜管理的关键时期）前后，需经常浇水保持土壤湿润。包心开始，需注意浇水抗旱。

立秋前后，各种农作物生长旺盛，田间管理很重要。大豆结荚，玉米抽雄吐丝，红薯薯块迅速膨大，对水分要求都很迫切。早秋萝卜需始终保持土壤湿润，及时浇水，特别要注意加强病虫害的防治。秋南瓜7月底至9月初要剪除枯萎老蔓，选留基部1~2条健壮芽蔓，施入浓度为30%的腐熟人畜粪尿并保持土壤湿润。植播菜瓜高温干旱时要及时浇水，最好在早晨9点前或下午5点后。雨后特别是暴雨后要及时清沟排渍，以免雨过天晴黄瓜叶萎蔫而影响生育。追肥、浇水和雨后特别是暴雨后，要及时中耕，注意及时防治病虫害。植播豇豆开花结荚前以中耕蹲苗为主，结荚后保持土壤湿润，盛收期每摘2~3次，追施粪肥一次。主蔓适时打顶，及时摘除下部枯黄老叶，注意防治锈病。

"立了秋，摘一沟"，立秋摘花椒，已成王金庄千百年来与花椒的约定。一团团、一簇簇花椒，在立秋后红艳鲜亮，椒香四溢，与绿色的叶子相间，但花椒枝叶双向对立的针刺，也注定了村民采收的艰辛。

在王金庄，立秋是一个丰收的时节，这天中午人们会专门做一顿南瓜小米汤蕉叶饭。舀一勺小米，摘一个小嫩南瓜，加上一瓢水，将小米南瓜放到锅里，柴火熬它半小时，一锅飘着米香、浮着一层薄薄米油的小米汤熬成了。"蕉叶"是一种油饼，将玉米面、小米面、小麦面中加入面酵发酵后，切成小面团，在案板上擀开，切成三角状，放入烧热的油锅，炸成金黄色。中午吃完南瓜小米汤蕉叶饭，下午就开始到梯田里摘花椒。

王金庄的男女老少骑着、赶着、牵着自家毛驴，全部到梯田里采摘花椒。不会走路的小孩也会被带到地里，放在长篮里，用纱布罩着，吊在树上。小孩待不住嗷嗷大哭，大人过来哄一哄，哄好后就继续摘花椒。花椒抿着嘴时摘下质量较好，如果摘晚了，花椒张开了嘴，籽粒就掉了。立秋半个月后，花椒壳容易变黄，而不是红色，因为花椒遇到雨就容易发黄，所以立秋前后

摘花椒

半个月是抢收花椒的黄金时期。

摘花椒的时候中午不回家吃饭。早上带着面条、煮好的鸡蛋、做好的烧饼，中午 1~2 点时烧水煮面条吃。立秋后的半个月秋老虎，气温高，人们戴着草帽顶着太阳，即使全身湿透也要与时间赛跑摘花椒。有时候摘花椒遇到下雨，赶紧到石庵子里躲一躲。

那些天人们会格外注意天气预报，如果预报有雨，就不会把花椒晾出来。如果天气好，人们每天早起把前一天摘的花椒在屋顶继续晾晒，下午 6 点左右赶紧回家上屋顶晾一晾当天摘回的花椒，生怕花椒被捂了。同时收起早晨晾的花椒。晾好的花椒已经张开了嘴，用笤帚打籽去壳，簸箕筛一筛，簸一簸，上面是壳，下面是籽。花椒籽拿去榨油，榨完油的椒籽饼留着种谷子。花椒壳赶上好价钱就卖了。花椒受潮后会发霉、变味，保管时要放在干燥的地方，注意防潮。

花椒原产于我国，栽培历史悠久。最早有关花椒的记载文献见于《诗经·国风·唐风》："椒聊之实，蕃衍盈升。彼其之子，硕大无朋。椒聊且，远条且。椒聊之实，蕃衍盈匊。彼其之子，硕大且笃。椒聊且，远条且。"以花椒结子多，祝愿少妇多子多福。至汉代，后妃大修椒房，将所住之宫殿，用椒和泥涂壁，取其温暖有香气，兼有多子多福之意。北魏贾思勰所著《齐民要术》中，已有关于花椒采种、育苗、栽植时期和栽植方法的记述，所载"四月初，畦种之。治畦下水，如种葵法。生高数寸，夏连雨时，可移之"，至今仍为一些花椒产区的椒农所采用。

涉县花椒种植历史悠久。清顺治十六年（1659）《涉县志》就有记载，清康熙五十三年（1714）《涉县志》记载"土产花椒、柿、桑皮纸"，此时花椒已成为当地重要的土特产。清嘉庆四年（1799）《涉县志》载"花椒佳者曰大红袍，其香烈，其味长；小椒次之；枸椒颇臭，颇为邑利"，已明确记载了花椒的栽培品种。在《民国二十一年涉县志·农业技术》中，详细记述了花椒栽培法："旧历二月间，另辟阴湿地一片，洒其籽（务去椒壳），锄土，使籽入指许，秆草覆其上，以后令地皮常湿。立夏后，萌芽出土。其时见叶两个，之后逐渐长起。下年三月或七八月间移秧适得。移秧之法：于降雨地湿时，掘小坑栽上，舒其本，覆土，捣之使固。以后逢旱即浇。立冬后拥土，将小椒树根梢皆埋，使不透风。至春风，去土晾开，即见出芽。以后每年镢其土一次。冬则埋其根，春则刨其土，晾之即得。五年后可结实。"

王金庄人一般在家育花椒苗，秋天收谷子的时候或是 2 月份移栽，据说伏天移栽容易长刺，不利于采摘。花椒地锄草要进行两三遍。花椒具有抗干旱、耐瘠薄、适应性强等特点。它根系发达，是固土保水、维护石堰的良好树种。花椒枝繁叶密，姿态优美，金秋成熟，果红如火，若满树繁花，古人云："叶青、花黄、果红、膜白、籽黑，禀五行之精。"

在长期的花椒栽培实践中，当地人根据花椒的品种和对不同地理条件的适应性，选择和形成了一批适应不同地理条件和食用要求的花椒特色种质资源。王金庄的花椒共有五个品种：大红袍、大花椒、小椒子、白沙椒、枸椒。

大红袍，树体高大紧凑，盛果期大树高 3~5 米。喜肥水，抗旱性、抗寒性较差，适于较温暖的气候和肥沃的土壤。果粒较大，成熟的果实晒干后深红色，晒制后颜色不变，表面有粗大的疣状腺点。成熟期 8 月下旬至 9 月上旬，属晚熟品种。成熟的果实不易开裂，采收期较长，4~4.5 公斤鲜果可晒制 1 公斤干椒皮。大红袍椒皮品质上中等，商品性极佳，虽风味不及小椒子，但果粒大，色泽鲜艳，在市场上颇受消费者欢迎。

大花椒，丰产性强，抗逆性也较强。椒皮品质上乘，麻香味浓，在市场上颇受欢迎。此品种喜肥水，种植在肥沃土壤的

大红袍

植株，树体高大，产量稳定，在河北省涉县最高株产鲜果 66 公斤。在肥水条件较差的条件下，也能正常生长结实。

小椒子，树体较矮小，盛果期大树高 2~4 米。小椒子果梗较长，果穗较松散；果粒小。成熟时果实鲜红色，果皮较薄，晒制的椒皮颜色鲜艳，麻香味浓，特别是香味大，品质上乘。出皮率高，每 3~3.5 公斤鲜果可晒制 1 公斤干椒皮。8 月上中旬即成熟，为早熟品种。果实成熟不整齐，成熟后果皮易开裂，需及时采收，采收期短。因此，在大面积发展时，应与中、晚熟品种适当配置。小椒子耐干旱，耐瘠薄，抗逆性强，品味好。可在瘠薄地上正常生长，但树龄短，结果期短，最佳结果期只有四五年的时间，时间一长树体衰败，树心糠腐。小椒子近年来因为产量低、价格不高，数量减少了很多，但它独特的风味，让部分王金庄人还保留着一两棵炒菜吃。

白沙椒，盛果期大树高 2.5~5 米。白沙椒果梗较长，果穗蓬松，采收方便。果粒中等大，8 月中下旬成熟，属中熟品种。成熟的果实淡红色，晒干的干椒皮褐红色，每 3.5~4 公斤鲜果可晒制 1 公斤干椒皮。风味中上，但色泽较差。白沙椒是老品种，丰产性强，几无隔年结果现象。在土壤深厚肥沃的地方，树体高大健壮，产量稳定；在立地条件较差的地方，也能正常生长结实。麻香味浓，存放几年，风味不减，但其色泽较差，在市场上不受欢迎。

枸椒（也称臭椒），虽其椒皮风味较差，但粒大。

选购花椒，一要看花椒籽皮的大小和颜色，以籽小、壳浅紫色为佳；二要闻和品尝，好花椒如果没加热，香味难出，但放几粒在嘴里，香麻的感觉立刻显现；三要搓，搓后有香味的就是好花椒，搓后手上留重色或放在水中有重色彩渗出的，则可能有色素；外壳潮湿、无油润感的为次。

作为调料，花椒气味芳香，可除各种肉类的腥膻，能促进唾

大花椒

小椒子

枸椒

液分泌，增加食欲。现代研究发现，花椒能使血管扩张，从而起到降低血压的作用。此外，服食花椒水能驱除寄生虫；存放的粮食被蛀了，用布包上几粒花椒放入，虫就会自己跑走或死去。在油脂中放入适量的花椒末，可防止油脂变质；在菜橱内放置数十粒鲜花椒，蚂蚁就不敢进去；在食品旁边和肉上放一些花椒，苍蝇就不会爬；油炸食物时，油热到沸点会从锅里溢出，若放入几粒花椒，沸油就会立即消落。王金庄人一般用大红袍炒菜。炒菜时，在锅内热油中放几粒花椒，发黑后捞出，留油炒菜，菜香扑鼻。但注意炸花椒油油温不宜过高，否则会失去花椒特有的麻香味。把花椒、植物油、酱油烧热，浇在凉拌菜上，清爽可口。腌制萝卜丝时放入花椒，味道绝佳。花椒还可以加工成花椒面：将一把花椒，拣去如枯叶、不能食用的花椒梗等杂质，将铁锅在火炉上烤至干热，放入花椒籽皮，干炒至变色并炒出花椒的麻辣香味，然后放在案板上晾凉，用擀面杖擀成细面即成，在配制扁食馅、蒸花卷、烙饼或拌制凉菜时，撒一些花椒面，其味麻香可口，能使人食欲大增。

花椒芽菜

    花椒的种子可以榨油。花椒籽油具有花椒特有的麻香味，凉拌菜加一点花椒油，口感丰富。种子榨油后的油饼，可作饲料，也可作肥料。

    春天，花椒的嫩枝幼叶，刚从枝条里冒出来，油亮鲜绿，麻香味美，将其中一些丛生多余的赘芽采来，或者专门种植一些密集的花椒树苗，用以采集花椒的嫩枝幼叶，加工成花椒芽菜，已成为现在芽苗菜中的珍品。可以热炒、凉拌、油炸、涮锅、麻香宜人，开胃爽口，具有独特风味和丰富营养。以花椒芽菜为主要原料开发的花椒芽菜辣酱更是鲜辣可口、麻香浓郁，产品供不应求；花椒芽菜还可以用作脱水蔬菜、食品、调味品辅料等。

秋笔 摄

十四　处暑·小豆

小豆最晚孟春种

瓜果菜蔬要储存

处暑一般于每年 8 月 22~24 日至 9 月 6~8 日交节。处暑，即为"出暑"，意味着酷热难熬的天气到了尾声，这期间天气虽仍热，但气温已呈下降趋势。

处暑分为三候：一候鹰乃祭鸟；二候天地始肃；三候禾乃登。此时，老鹰开始大量捕猎鸟类；天地间万物开始凋零；谷子、黍子、豆、高粱等各类作物即将成熟，快要开始秋收。

秋天成熟的蔬菜如南瓜、豆角等都已开始大量采收，当季吃不了的菜蔬，就要切片晒干，装袋放在楼上，随时取用，可一直供给到第二年春天。王金庄家家都会储存干萝卜条、干豆角等干菜，父母会为子女积攒粮食，存粮储菜是当地祖辈传留下来的习俗，直到如今，不少人家仍存有大量粮食。

时至处暑，一般来说已经到了秋作物的成熟收获时节了。但在王金庄，也有些年份由于特殊的大旱，一直播不上种，到了处暑节令才下一场透雨，这时就只有小豆一类生育期非常短的作物还能播种。小豆也成为一年中最能晚播的粮食作物了。但即使是小豆，播种也不能晚于处暑节气。如果此时还没有下雨，小豆也

花小豆

不能播种了，只能根据天气情况，等待秋播了。

小豆原产我国，在喜马拉雅山麓还有野生和半野生的小豆。《神农本草经》中已有关于红小豆药用的记载。各种小豆耐干旱，耐瘠薄，生长期极短，能够较好地适应王金庄的瘠薄山地和干旱的气候条件。正是数百年的适应选择，使小豆类作物成为谷子、玉米等主要粮食的重要补充小品种，几乎家家户户都有种植。小豆的种类也有很多种，经过几年的种植鉴定，按照作物种类可分为小豆、绿豆、赤小豆和豇豆（主要是用以食用籽粒的狸麻小豆，即短豇豆）。

小豆根据籽粒大小和颜色的差异，就分为大粒红小豆、二红小豆、小粒红小豆、白小豆、绿小豆、褐小豆、花小豆、黑小豆等 8 个农家品种。2018 年以来，在收集当地的老品种进行种植时，王金庄三街村民李为青还从杂小豆中意外发现了黑小豆，植株的长势以及形态特征与其他小豆非常相似，只是籽粒像黑珍珠，黑亮黑亮的。

小豆种植管理简单，不用中耕，不消耗地力还养地，口感

红小豆籽粒

红小豆籽粒荚

绿小豆籽粒

绿小豆荚

好，品质佳，营养价值高，有一定的药用价值，可清热解毒、去湿化淤。豆秸是蛋白含量高、适口性较好的优质饲料。人们每年选择成熟度好、粒大饱满的豆子自己留种。

红小豆，又名红豆，籽粒通身暗紫色，长圆形，两端圆，有直而凹陷的种脐，是食品，也可以入药。《食物本草》记载："赤小豆，味甘酸，平，无毒。主下水，消热毒，排脓血，止泻，利小便，去胀满，除消渴，下乳汁，久食虚人，令枯瘦。解小麦毒。和鲤鱼煮食，愈脚气水肿。痢后气满不能食者，宜煮食之。"

在王金庄，红小豆虽然没有人拿来作为爱情的信物，赋予人们无限的相思，但它可在人们饥不果腹的时候，给人以温饱。更因为含有较多皂苷，它可刺激肠道，有通便利尿的作用，能解酒、解毒，对心脏病和肾脏病均有一定疗效，在身体有疾时，解人之痛。红小豆含有较多膳食纤维，具有良好的润肠通便、降低血脂、调节血糖、预防胆石症和大肠癌的作用。现代医学研究表明红小豆含有多种生物活性物质如多酚、单宁、植酸、皂甙等，具有多种保健功能，如其抗氧化活性对糖尿病有益，也有较好的护肝、助肾、抗癌、抗菌和抗病毒等作用。

用红小豆煮粥，或以红小豆熬汤，有催乳的功效而且强壮脾胃，对产后调养与哺乳兼有裨益。古代民众认为红豆有避瘟驱疫作用。《齐民要术》中记载："正月七日，七月七日，男吞赤小豆七颗，女吞十四枚，竟年无病，令疫不相染。"反映了古代人们通过经常食用红豆来抵抗流行病的做法，大概与红豆具有利水消肿的作用有关。王金庄的人们就有这样的经验：每天用一两红小豆熬制红小豆汤，让不明原因的腿部水肿患者连汤带豆一起吃下，经过半月时间，多方求医、始终未见好转的患者竟然奇迹般地痊愈了。

绿豆在印度栽培已有数千年的历史，后来传入我国和东南亚。据《湘山野录》记载，宋真宗重视农业，听说越南水稻抗

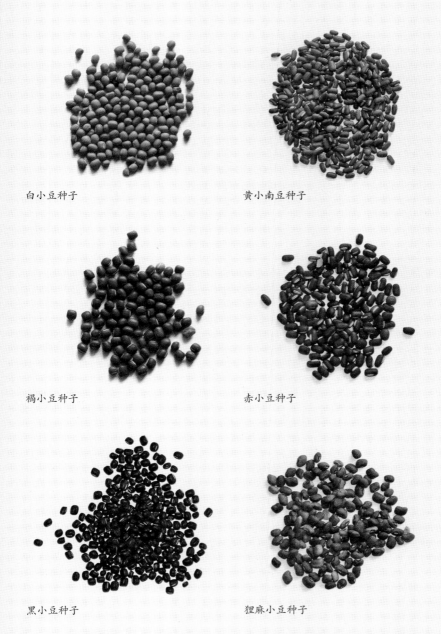

白小豆种子

黄小南豆种子

褐小豆种子

赤小豆种子

黑小豆种子

狸麻小豆种子

旱，印度的绿豆产量多且籽粒大，就派特使携带贵重礼物，前往越南、印度购买种子，从占城得稻种 20 石、从印度得绿豆 2 石，分别种于皇家后苑，经繁殖后赐给农家种植。自此以后，绿豆在中华大地广泛种植开来。

绿豆按其颗粒大小分为大绿豆、小绿豆，按其种子表面有无绒毛分为光绿豆、毛绿豆。王金庄目前保留了两个农家种，一个是光的小绿豆，一个是毛绿豆。王金庄有这样的习惯，在"三夏"大忙季节，烧一些绿豆汤代茶饮，既补充水分，又解热清暑；若在其中加一些白糖或冰糖，则更能增加美味，凉丝丝，甜滋滋，是别具一格的清凉饮料。

用作消暑的绿豆汤，煮的时间不可过长，以绿豆刚熟、清汤利水、颜色碧绿为最好。久煮则豆瓣分开，成为碎末，颜色混浊，其作用由清热解毒变为补脾渗湿，则消暑的作用大减。在炎热的夏季，人们出汗甚多，消耗的 B 族维生素和矿物质也多，绿豆汤不仅补充水分，而且补充矿物质和维生素，能够维持人体水和电解质的平衡。

据《日华子本草》记载，绿豆"作枕明目，治头风头痛"。用绿豆，尤其是用绿豆皮作为枕芯，不但能清热明目，而且对高血压病也有好处。如果再掺一些菊花，则清热明目的效果更好。绿豆叶能治疗疮和疥癣；绿豆花能解酒毒；绿豆粉能治疗痈疽疮肿初起，或跌打损伤；绿豆芽能解酒毒、利三焦。所以，绿豆不仅是"济世之良谷"，同时也是"治病之良药"。

小豆用途广泛，可做小豆羹、炸糕、豆沙包、小豆春卷等。小豆做的豆沙耐贮存，质量上乘。小豆还可入药，主治水气肿胀、痢疾、肠痔下血、牙齿疼痛、乳汁不通、痈疽初作、腮颊热肿、丹毒如火、小便频数、小儿遗尿等。

杂豆面还可以做杂面片汤。取豆面、小麦面、玉米面各一份，和好，擀成面条。烧开水，放入南瓜、豆角、土豆等蔬菜，

抿节

待蔬菜将熟之际，下面条，煮透停火。用勺子盛油适量，放火上加热，油热放入野小蒜末，将油勺子放入面条锅中搅匀，同时盖上锅盖，伴随"嗞啦"一声脆响，香气四溢开来。

　　抿节饭是王金庄村人喜爱的一道饭食。以豆面、玉米面和少许小麦面为主要原料，俗称"杂面"，用温水将其和成面团，锅内的水烧开，将红白萝卜条、豆角、南瓜等倒入锅内煮熟。待蔬菜煮软后，将抿节床（白铁皮冲眼加框为床）架在锅上，将和好的面团放于其上，用手掌用力来回抿，抿成寸许长的面节，煮沸。饭熟后淬油加葱丝或蒜末、盐为"调花"炝入锅内，香味扑鼻。

　　抿节饭是王金庄特有的风味小吃，不仅老年人对它很是怀念，越来越多的年轻人也喜爱有加，成了人们调节口味的风味饭。近年来，前往王金庄的游客不断增多，村里几家农家乐饭店也都把抿节饭当作一种特色主食，招待游客。2012年，抿节饭被列入涉县非物质文化遗产名录。

秋笔 摄

十五　白露·核桃

蒹葭苍苍白露霜

白露季节打核桃忙

　　白露是秋季第三个节气，一般于 9 月 7~9 日至 9 月 19~21日交节。白露时节，暑天的闷热基本结束，天气渐渐转凉，寒生露凝。白露分为三候：一候鸿雁来，二候玄鸟归，三候群鸟养羞。鸿雁与燕子等候鸟南飞避寒，百鸟开始贮存干果粮食以备过冬。白露的三候都与鸟有关，春分之际北飞的玄鸟、燕子回来了，而此时众多的鸟感受到天地肃杀之气，储藏食物以备过冬，各类鸟儿也开始养护增生它们的羽毛来御寒。

　　农谚"七月桃，八月梨，九月柿子红了皮"，此时各种干鲜果品陆续成熟；人们也进入了一年辛苦后的收获季节，丰收的秋天就要来临，正所谓"抢秋抢秋，不抢就丢"；还要给玉米、高粱、谷子、大豆等选种留种，及时腾茬、整地、送肥，及早准备抢种小麦。

　　"白露到，竹竿摇，小小核桃满地跑"，每年白露节气是开竿打核桃的日子。此时的核桃，外皮由青变黄，个别核桃外皮的顶部还会裂开，这是核桃成熟的标志。此时的核桃生长期已满，种仁饱满，味道芳香，收获正当其时。

打核桃

　　每年白露打核桃，我总是很期盼。更确切地说，我在期盼和父母一起的那片刻温馨。

　　父亲体格偏瘦，动作敏捷，曾经是一个爬树高手。小时候，每到白露，我们兄妹三个和母亲看着父亲"哧溜、哧溜"爬核桃树，总要不停叮嘱父亲"慢些、再慢些"，而父亲则意气风发，爬得更快，转眼已到树杈上。

　　我递给父亲竿子，父亲开始在树上敲打核桃。一瞬间，核桃啪啪落地一片，仿佛核桃雨，很是壮观。记得有一次，我在树下被核桃砸中了脑袋，嗷嗷直叫，母亲看到后摸着我的脑袋大笑不止，原来疼得泪已出眶的我也跟着大笑起来。

　　捡核桃，讲究的是速度。我们兄妹三人每人一个大袋子，比谁捡得更多。当然，一眼可以较高低最好，如果大抵相同，则用手掂重量。一次，我和妹妹捡的重量大致相同，仅七八岁的妹妹说："左手无力，右手经常干活更有力量，掂物难以公平。"回家后，我和妹妹过秤称重，结果我多出一两。父亲说："无论做啥事，一定要多动脑筋，找窍门，才能做出高效的事。"

（文/刘玉荣）

　　核桃在涉县有两千多年的栽培历史，以其个大、壳薄、仁饱、味香、出油率高而闻名全国。2004年，涉县被评为"中国核桃之乡"。2005年，涉县核桃获评国家地理标志保护产品；同年，获评国家原产地域保护产品，取得了进入国际市场的"质量通行证"，其产量和出口量都稳居河北省之首。

　　王金庄的核桃分为两类，一类是传统老品种，树干挺拔高大，大多五六米高，抗病能力较强，果仁含油率高。下分为两个品种，一种是绵核桃，核桃仁与其室内的隔膜可以完全分离开来。一到白露，传统的绵核桃稍微一放，外果皮自然脱落。内果

绵核桃

带果皮的绵核桃

绵核桃树干

壳较薄，虽然两手不能一下就挤开，但也只需稍一砸，就能打开。里面的果仁，皮色金黄，吃到嘴里，香脆绵润。另一种是夹核桃，果仁无法完全取出，总有一部分镶嵌在果皮的沟壑之中，但这种果仁风味却是最佳的。

另外一类则是自1980年前后，在县林业局的推广下，从辽宁经济林研究所引进的薄皮核桃（辽核1号），这种核桃树种植年限较短，树干两三米高，树势较旺，分枝力强，枝条粗壮，芽体大而密集，丰产性强，抗寒能力强。核桃个大，产量较高，皮薄肉满，更容易打开食用，但出油率相对较低。缺点是抗病性，尤其是核桃腐烂病抗性较差。

在国际市场上，核桃是四大干果之一（其他三个是甜杏仁、腰果、榛子）。核桃由于含脂肪多，热量高，可以代替粮食，故被称为"木本粮食""铁杆庄稼"。品种好的核桃，加上砸核桃的技巧，能砸出完整的、浑然一体的核桃仁，从外形看，很像人的两个对称的大脑半球以及半球上的"沟"和"回"，按中医取类比象、以脏补脏的理论，此物有利于人脑的生长发育和思维功能。

《本草纲目》记载，核桃仁可"补血养血，润燥化痰，益命门，利三焦，温肺润肠"。涉县核桃经北京营养业研究中心测试，含有丰富的维生素 B 和维生素 E，可防止细胞老化，能健脑、增强记忆力及延缓衰老。含有亚麻油酸及钙、磷、铁，是人体理想的肌肤美容剂，经常食用有润肌肤、乌须发，防止头发过早变白和脱落的功能。还含有多种人体需要的微量元素，是中成药的重要辅料，有顺气补血、止咳化痰、润肺补肾等功能。人疲劳时，嚼些核桃仁，能缓解疲劳和压力。核桃不仅是健脑食物，又是神经衰弱的治疗剂。有头晕、失眠、心悸、健忘、食欲不振、腰膝酸软、全身无力等症状的人，每天早晚各吃 1~2 个核桃仁，可起到滋补治疗作用。每 100 克核桃仁中含有 20.97 个单位的抗氧化物质，比柑橘高出 20 倍。人体吸收核桃的抗氧化物质，可使机体免受很多疾病的侵害。

除生食外，核桃仁还可用来榨油。涉县核桃仁出油率达60%~70%，其中不饱和脂肪酸含量占 90% 以上。核桃油中人体必需的亚油酸和亚麻酸的含量达 60% 以上，为植物食用油之最。经常食用核桃油可有效防止胆固醇形成，同时还能防治高血压、高脂血症、糖尿病、肥胖症等疾病。

核桃仁熟食，可做药膳粥、煲汤，还可做糕点、糖果的原料。在当地，核桃仁历来是中秋节做月饼的首选食材，即使一般人家，也会在中秋节前后用核桃仁制作桃仁饼。把白面发酵后，将核桃仁略炒，加入一些红糖，做成发面饼的馅，吃起来香甜可口。妇女怀孕之后，每天可以吃 3~5 个核桃，对于胎儿的发育是很有帮助的。

核桃的雄蕊，俗称核桃毛毛，古时候还称之为"长寿菜"，长在树上酷似绿色的毛毛虫，可以鲜吃，焯水后凉拌或炒肉片。

晒干后的核桃花色黑，其貌不扬，但吃起来很美味。先用水泡一下，沥干水后煸炒或者凉拌。核桃花是核桃的雄蕊，在完成授粉以后就自然掉落了。采摘一部分的雄花，不仅不会对核桃产量有影响，还能通过减少营养消耗，对核桃增产有帮助。

除核桃仁外，核桃的木材、树叶、果壳、青皮等均有用途。核桃还有美好的寓意，王金庄人结婚时会给新人送枕头，里面放的是核桃果，寓意"百年好合"。

王金庄地种百处不靠天

山地气候复杂，情况多变，冰雹、虫害、雨涝、干旱，都是预料不到的。若把庄稼种在一处，一旦遭受自然灾害，就会"指地不收田"。要想到意外情况的出现，要想到这处有可能不收，再往别处种上一些。

为适应自然，王金庄人逐渐摸索出不同农作物对本地气候土壤等的适应规律，形成了地种百处不靠天的应变措施。

一是同一作物种在不同地点的梯田里。

阴地阴湿，阳地向阳。阴湿地里，干旱年景也要见籽；阳坡地，扛不住旱，遇着旱年颗粒不收。所以旱地种植讲个阴阳搭配。

所谓"旱年长板儿，涝年长粪"，指的就是阴地地板厚实，地板厚就是土头厚，耐干旱，一冬天不下雪，土壤还是湿湿的，春天播下种子，也能勉强拿住苗。"见苗三分收"，只要拿住苗，稍微来点小雨，就会有收成。

阳坡地，旱年不长，但遇着涝年，就有了优势，只要肥料充足，就会苗壮生长，比阴湿地和渠沟地都长得好。

渠沟地遇着连阴雨，尤其山洪下来，地里一过水，庄稼被捋倒，也就没有下文了。

所以又有"丑妻不可弃，薄地不可丢"的农谚。

不是涝，就是旱，风调雨顺不多见，涝年也会收，旱年也会收，地种百处不靠天。如果种在一处，"丰收之年，也有不丰收之家"，"宁种

核桃毛毛

十处，不种一处"。

分地那会儿，有人变着法地挑好地，时隔三十年，即使当时拿到好地的人，也没有富到哪里去。今年长好地，明年说不定就会长赖地。山上遭霜冻，山下有可能幸免；山下被圪蛉毛骚猪獾糟蹋，山上也许安然无恙。

二是同一作物在不同的时间里种植。

受大陆性季风气候影响，王金庄大多年份春旱少雨，春雨贵如油，下点小雨，赶紧抢种。从清明、谷雨、立夏、小满、芒种、夏至到小暑，共七个播种节令。如果最后一个节令小暑里种不上，大暑才下种地雨，即使种上也收不了多少，因为大暑种上立秋才能锄小苗，有农谚云："立了秋锄小苗，一亩地打一小瓢。"

因春天缺雨，基本是抓住农时"逢雨便种"。哪个节令有雨哪个节令就种。清明谷雨种的谷是稙谷，立夏、小满至芒种种的是二楼谷，夏至以后种的是晚谷。

清明种谷的好处是，谷种埋在土里，即使不下雨也不会发霉腐烂，等到下了雨，便会破土而出。坏处是，生长期太长，秋分才成熟，在长期的生长中，有很多不确定因素导致种子坏掉，不坏的年份很少。过去，王金庄以种清明谷为主，现在清明节令很少有人种，从一个侧面反映出气候有所变化。现在种谷大多在谷雨节令以后。

谷雨种谷坏处最大，因为到了谷雨，光照强烈，如果正出苗透尖时赶上强光曝晒，一个中午就"烧芽"，把谷芽晒死了。所以谷雨种谷，没有把握，出苗了就是"瞎猫碰上了死耗子"。

种谷最好的时机在小满、芒种两个节令。这时，雨季来临，一股劲就长起来了。农谚云"小满接芒种，一种顶两种"。

还有人是这样安排的：清明有雨，就种一部分；谷雨有雨，再种一部分；小满有雨，全部种完。如果后面不下雨了，前面种上的也能保证有米吃。

三是同一作物的不同品种种植在不同的时间里。

撒什么种子结什么谷，遇什么节令撒什么种。经过700年的摸索，人们引种和保留的有米大黄、衡谷1号、衡谷2号、马鸡嘴、红苗老来白、青谷、露米青、屁马青、毛谷、来吾县、三变丑、马脱缰、落花黄、红谷、黄谷等20多个谷子品种。

清明谷雨种马鸡嘴、红苗老来白、青谷、毛谷、来吾县、米大黄，立夏以后种衡谷、三变丑、马脱缰、落花黄、红谷、黄谷等二楼谷。这些谷种有的粒大秆高，收成重，还能为牲畜提供充足的谷草，但不抗风，容易被刮倒，适宜种在背风的半山腰上的坡条地里。有的秆低且粗壮，抗风抗涝，收割时省力省工。有的适合焖米，有的适合熬粥。如果到夏至以后才有雨，就只能种落花黄、小黄糙这些晚谷品种了。

谷子品种繁多，样样不可缺少，共同构成了旱作梯田抵抗恶劣自然条件的千年不倒翁。

地种百处不靠天，是王金庄人在长期农耕实践中总结出的一句特有农谚，是恶劣环境下耕作方式的正确选择。

（文 / 李彦国）

秋笔　摄

十六　秋分·小麦

平分秋色一轮满
秋收冬藏选种忙

　　秋分是秋季第四个节气，一般于每年的公历 9 月 22~24 日至 10 月 6~8 日交节。秋分一候雷始收声，二候蛰虫坯户，三候水始涸。从春分时节的"雷乃发声"，到秋分时节的"雷始收声"，历时半年；蛰虫从立春时节"始振"，尚未春暖便蠢蠢欲动，到秋分节令"坯户"，尚未秋寒便封塞巢穴，可见蛰虫对于节令的预见力；秋分时节天气逐渐转凉，降水逐渐减少，水汽开始蒸发，此时的雨水就不再和夏天一样充沛，湖泊河流的水也渐渐开始干涸，空气变得越来越干燥，因此我们常常会感到口干舌燥。

　　秋季的气温，给人的感觉是：初秋，像小孩的脾气，说变就变，升降随意；中秋，又像拉发了的皮筋，反弹无力；深秋，则像垂危的病人，能够一气尚存就已不易了。秋季降温快的特点，使得秋收、秋耕、秋种的"三秋"大忙显得格外紧张。

　　秋分注定是一个农事繁忙的季节，也注定是一个丰收的季节。"秋分谷上场，地冻萝卜长"，"秋分早，霜降迟，寒露种麦正当时"。

　　在王金庄，山坡梯田作物已成熟。金黄的谷子，沉甸甸的谷

小麦田间选种

穗压弯了腰。一簇簇的大豆，绿色的豆叶已经脱落，只留下金黄色的豆荚，鼓鼓囊囊的。一株株的玉米挺着个大玉米棒子，调皮的玉米粒儿，纷纷钻出皱缩的玉蜀皮儿露出笑脸。偶尔还可看到一片绿色的地毯，微风一吹，绿绿的萝卜缨像一枚枚邮票，飘哇飘哇，邮来了秋天的凉爽。黑枣树的叶子也开始逐渐变黄了，里面偷藏着一粒粒橙黄色的黑枣。黑枣刚形成果实时是绿色的，到秋季成熟时就变成了诱人的金黄色，只有到了立冬经过日晒霜打，才变成黑黝黝的，像一颗颗黑珍珠。

秋分，不仅是一个丰收的时节，还是一个孕育未来的节气，人们在收获各类谷物庄稼的同时，更在为来年选育、保存种子。王金庄自古重视对种子的筛选、储存和保护，当地农谚有"饿死老娘，不吃种粮"的说法。

明崇祯十三至十四年（1640—1641）大旱、大饥、瘟疫，民死七分，据老人们传说，光王金庄大碾台往东就死了四十六口人。

村子里刘不秀和儿子王应元相依为命，为了生存，王应元每天去地

小麦

里扒野菜，甚至连能吃的草根都吃掉了。可是，菜少人多，根本满足不了人们的需求。渐渐地刘不秀老人病倒了，再加上她舍不得吃，一天不如一天。儿子王应元看着面黄肌瘦的母亲，眼泪止不住地往外流，他为了挽救母亲的生命，把仅剩有的一部分种子拿出来让母亲吃。老母亲得知是种粮时，气得眼都不睁，宁可饿死病死决不吃掉种粮。就这样老娘永远地离开了。

（文／王林定）

王金庄独特、多变的地理和气候条件，保存了丰富多样的农作物品种。如土层较薄的坡梁梯田适宜抗逆性较强的品种，但产量相对低；而沟梁土层较深厚的地方，适宜耐肥性好、产量较高的品种；春季降雨晚，需要生育期较短的品种，而雨水丰沛的年份需要产量高、生育期长的品种。另一方面人们多样化的需求也需要创造多样的作物品种，如不同口味的品种需求、对不同食用方法的需求等。基于此，有着700多年的传承历史的旱作梯田系统，在人与自然和谐共处、相互适应过程中，形成了一系列旱作梯田系统农业生物多样性保护与利用的经验与技术：

一、优中选优的农家留种技术。通过每年的优中选优，把优良的传统农家品种传承和保护下来，像传统玉米品种，一般每年种植，成熟时选好穗，作为种子留下来，在下一年种植时再把留下来的玉米穗的两端去掉，只选用穗子中间部分的籽粒作为种子播种。

二、特异种质农家就地保护留种技术。对一些用量较少、具有特异性状的作物，如各类小豆、青米（"露米青""屁马青"）、黍子、高粱等，一般采取种子在家保存一年，在地种植一年的方法，一年生产供两年使用，实现特异种质就地保护。

三、混合种植混合留种技术。对一些长势有互补作用的品种，采取混合种植、单穗选择留种；对成熟期基本一致的小品种，采取混合种植、混合留种的办法，如"紫花绿眉豆"与"白花绿眉豆"、"菜豆角"与"紫豆角"、"赤小豆"与"黄小南豆"、"白小豆"与"花小豆"等，种植时混种，留种也混留，不分别留种。云南农业大学朱友勇教授课题组通过多年的研究和试验，发现了利用不同水稻品种控制稻瘟病的机理，即把当地不同水稻品种间作栽培，成功控制稻瘟病，产生巨大的经济和环境效益，这与王金庄的混合种植、混合留种技术有异曲同工之效。

四、轮作倒茬、间作套种技术。利用作物之间的互惠和资源互补，进行轮作倒茬、间作套种，既可提高土地利用率，提高作物总产量，还可降低病虫草害的发生。如谷子与玉米轮作倒茬、红苗谷子与白苗谷子轮作倒茬，豆类与玉米间作，豆类与花椒间作等。轮作倒茬还是当地为了保存一些容易串种的作物品种，而采取的一项传统农家品种就地保护的留种技术，通过轮作倒茬、间作套种，既确保优良品种的种性，又增加了农田生态系统的稳定性。

五、构建社区种子库保存与农民自留种相结合的传统农家品种就地保护模式。自 2018 年以来，王金庄的涉县旱作梯田保护与利用协会，在王金庄掀起了老种子普查潮，他们成立了 5 个妇女种子普查小组，对全村进行老种子登记与收集，共登记了180 余个品种。在普查时她们在老奶奶的粮仓中发现少见的作物种子，就会收集一点回来，用小瓶盛放着。村民们瞧着瓶子里眼熟又快叫不出名字的种子，回味着渐远的老味道。

2019 年 11 月"王金庄农民种子银行"终于建成，种子从每家每户的粮仓被带到种子银行展示。目前储存在种子银行里的种子有 77 种，171 个农家种，有的已在王金庄村种有上百年，保存在种子银行里的种子已全部进行资源登记。

种子银行既是当地传统作物品种的展示窗口，也是当地传统农家种的备份库。它面向全村开放，非会员的村民经过梯田协会

王金庄农民种子银行

的同意后可以使用种子库的种子。种子库成立之初，梯田协会在涉县农业农村局的指导下，与种子库的会员共同讨论了《涉县旱作梯田系统王金庄农民种子银行管理办法》。其中第四条明确了村民们利用种子库里种子的规则：本村村民确需从种子库领取种子进行田间种植的，经协会会长及专职保管员批准，可以领取种植，种植时领取 1 公斤种子，收获后要返还 1.5 公斤种子。领取的种子必须保证在种子库内留有备份。"有借有还，再借不难"，让种子库的种子像细水一样长流。

王金庄的村民们期望种子银行的种子一直活下去，这要求种子银行里的种子发芽率和适应性要高，可供村民们即需即播。于是在 2020 年 3 月 1 日，梯田协会的主要成员经过讨论，开始尝试设立种子田，把种子库里的种子播种到地里，挑选适应本地气候环境的种子，每年持续不断地挑选，活态保护种质资源，丰富王金庄村的集体财富。在种子田的基础上，将开展有机生态种子选育和生产，满足村庄小范围的种子需求。梯田协会以种子田为开端，探索适应王金庄村的农家种在地保护与利用途径，形成了种子库定期更换和田间活态保护制度，一般作物每两年更新一次，特殊品种一年更新一次，从而构建起社区种子库保存与农民自留种相结合的传统农家品种就地活态保护模式。

"白露早，寒露迟，秋分种麦正当时"，道出秋分节令正是冬小麦最佳播种期。

小麦的原产地在中亚地区，从西亚、近东一带传入欧洲和非洲，并东向印度、阿富汗、中国传播。小麦是新石器时代的人类对其野生祖先进行驯化的产物，栽培历史已有1万年以上。

据《涉县农业志》记载，洪武二十四年（1391）涉县小麦种植面积3035.6公顷，占粮食播种面积的24%；民国21年（1932）小麦种植面积为3577.8公顷，占粮食播种面积的13%。抗日战争以前，小麦品种主要有红秃麦、白秃麦、小红麦、大白麦、葫芦头、半架塔等农家品种。1943年，一二九师生产部主要在涉县推广"一六九"小麦。1948年，从河南林县引进蚰子麦。其时主要小麦品种还有三月黄、小红芒、小白芒等。之后在旱作梯田地区主要种植的小麦品种有丰产1号、丰产3号、石家庄54、郑州763、晋麦11、衡水714、晋麦5号、衡水6276、郑州3号、旱940等。

王金庄村一般种植冬小麦，秋分时节播种，等到第二年五月份成熟收割。种小麦需要土厚，灌溉水充足。"自古高山不种麦"，王金庄村石厚土薄，又干旱缺水，所以村里能种植小麦的地很少，一般只有向阳的渠洼地里才适合种小麦。正是因为小麦种植的不易以及珍贵，所以过去村里人都舍不得自己吃，小麦做成的白面一般只用在两个方面，一是敬神，二是走亲戚。

据村民王树梁介绍："种植小麦产量低、成本高，买种子、化肥，算上误工，还不如买面划算。这也是白马牙、老白玉米等白玉米在王金庄受到村民青睐的原因，因为玉米相对小麦而言更耐贫瘠，对土壤的要求没那么苛刻，对肥力要求也没那么高，不管什么样的气候条件都可以有收成，更有保障一些。现在打工机会多，打工一天赚一百块就能买一袋白面。实际上小麦的误工程度跟玉米差不多，但是其种植成本高，需要的肥力大，如果肥力不足就会出现结穗小、产量低的情况。村庄土薄缺水的自然环境也使得小麦天然产量就低，再加上小麦经济价值不高，20世纪末就逐步被村民弃种。"

尽管王金庄现在已经不再种植小麦，但不可否认的是，小麦过去在王金庄是顶珍贵的，在一些重要的节日和仪式场合都必须要有小麦。在一部分老人的记忆里，去奶奶顶祭拜要带一种小麻糖，这种麻糖的主要原料就是白面，白面里掺一点豆面，擀得薄薄的，面皮中间划两道口，像现如今人们吃的煎饼果子里的薄脆一样。像小麻糖这样的贡品是非用白面不可的。

另外，寻常人家建完房子，要有个谢土仪式，仪式上的贡品非常多样，有粉条、鸡蛋、枣、核桃、柿饼等，但最重要的一道是15个纯面馒头。而在王金庄，由于小麦种植少，面食是平时吃不上的食物，便显得格外重要。除此之外，嫁出去的闺女如果生了孩子或者分家，那么娘家人要给闺女送来麦子作为礼物，表示重视和祝福。

为什么梯田的地分得那么细碎

王金庄的梯田土地分得特别细碎，一户的土地不分在一起，而是要零散地分在各个沟道。按说分地量够一户，接着再量一户就行，更容易分，但不能那样分。

因为地种百处不靠天，每家每户都需要一些沟渠地，也需要搭配一些坡梁地、垴头地以应对各种自然灾害。

一，雹灾。冰雹往往专打一线，如果分在一处，遇上冰雹，颗粒不收。若分散分配，打了一处，还有别处没打，仍能收入一部分。

二，旱涝灾害。山区降水不均匀，比如有的年份偏雨，大南沟雨大，岭沟雨小，干旱少雨的沟道地会减产。遇上涝年，渠地发大水，好地反而无收成。有时村西来一场及时雨，村东萝卜峧沟却地皮都下不湿。

三，倒茬轮作。王金庄主要粮食作物是玉米和谷子，今年东沟种玉米，西沟种谷子，下年倒茬为东沟种谷子，西沟种玉米。所以分地时东沟分一部分，西沟也分一部分。如果分在一处，就造成今年有米没面，下一年有面没米。

四，特殊地形与一般地形搭配。圪蛉毛骚，獾狐害虫，老鼠野猪，山鸡野兔，多种多样的动物糟蹋庄稼，越靠山坡崖头，越容易被动物糟蹋。可种山药萝卜油料作物减少侵害，分地时也要把这些因素考虑进去。如果集中分配这样的耕地，便影响主粮的种植。"七月沟，八月栈（在悬崖绝壁上形成的狭窄的梯田），九月垴头转一转"，讲的是不同地形在不同月份遭受的动物侵害，所以沟、栈、垴分散播种，避免一家一户遭受动物的集中攻击。

五，好赖搭配。分地小组把每一块土地进行丈量，记下面积，再评出这块地的产量，好地分点，赖地也分点，有时由于地块大小不一，为平均总产量，有可能分到较多的赖地，面积自然就大，所以有的户面积大，有的面积小，但人均总产量是均等的。一户的面积并不代表全村人的人均耕地面积。

好赖地的判断，不用一块一块地称量，有经验的老农，一眼便可看出每块地的好赖，甚至一块地哪一片长哪一片不长，都心中有数。

六，秋粮地、夏粮地搭配。由于光照、纬度的不同，光照强、纬度低的渠地适宜小麦种植，高山、阴地种小麦熟不了，"夏至麦青干"，到了夏至收获的季节，小麦还是青的，再等也不会成熟，会自然地干枯。分地时要把麦地列为一类，每人都分点麦地。小麦地叫夏粮地，麦地以外的地叫秋粮地，简称秋地。

七，果树地与种粮地搭配。随着王金庄产业结构由种粮向种树转变，花椒黑枣种植成为支柱产业。分地前要到每一棵树下察看，根据树的大小、树龄、生长环境等因素定出斤称，每人按平均数量分树，我在毛的沟分到六棵花椒树，分别长在三份地里，分别在一块地的西头、中部和东部，拿号拿的。这也是土地分得细碎的一个原因。还有个特殊现象，比如我们生产队里，刘定的黑枣树长在付起灵的地里，一家收粮食，一家收黑枣，都是拿号拿的。粮食产量和林果产量无法调整，因为刘定的那份地里枣树太少，再去树多的那一份分一部分才能达到平均数。

八、远地与近地搭配。远地有多远？远地一般指过岭地，走尽沟底再上岭，翻过山岭到山的那一边，和山那边的村庄接壤。我在萝卜郊岭那边分到两份地，还有三棵柿树，都和武安县偏亮村的地相邻。分地时要远近搭配，于是近地、菜地用石板界开，一分为二为三为四，出现一地多户的现象，比如水库旁那一块由 30 户分别种作。

细碎的土地分配，是适应自然的不得已行为，是王金庄人在长期的劳动实践中摸索出的公平之法、生存之道，全村五道街 30 多个生产队都是这样的分法。从全村人的共识分析，便可知再没有更好的方法。当然也考虑到耕种的方便，至少能够半天耕种，但复杂的自然环境不以人的意志为转移。

崔永斌 摄

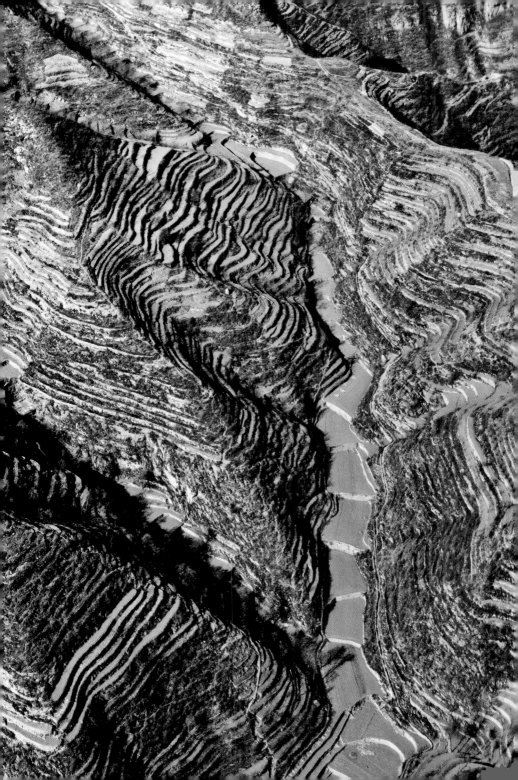

十七　　寒露·红薯

堰边酸枣不等闲

旱地红薯格外甜

　　寒露是秋季的第五个节气，一般在每年公历 10 月 7~9 日至 10 月 19~21 日交节。进入寒露，时有冷空气南下，昼夜温差较大，并且秋燥明显。寒露分为三候：一候鸿雁来宾；二候雀入大水为蛤；三候菊有黄华。意思是，此节气中，鸿雁排成一字或人字形的队列大举南迁；深秋天寒，雀鸟都不见了，古人看到海边突然出现很多蛤蜊，并且贝壳的条纹及颜色与雀鸟很相似，便以为是雀鸟变成的；此时菊花已普遍开放。农谚有"大雁不过九月九，小燕不过三月三"，"露凝千片玉，菊散一丛金"之说。

　　寒露已近深秋，秋忙已大致结束，谷物已归仓入囤。闲下来的王金庄人开始另外一个小秋收——捋酸枣。

　　太行山上野酸枣很多，多分布在梯田的堰边山坡。说是捋酸枣，其实并不是用手去捋，因为酸枣树浑身都是刺儿，需要用小棍打下来。带上一个大的布单子或者塑料编织袋制成的单子，一般有几平方米或十几平方米大，把那大单子撑在酸枣树下，用小棍在树上轻轻敲打，扑簌簌、扑簌簌，一颗颗红的、青的、红中带青的酸枣就四下滚落在了大布单子上。过去人们捋酸枣是为了

酸枣植株

酸枣

晒干推酸枣面，作为青黄不接时的食物。现在酸枣作为太行山区的一种道地药材，不到酸枣完全成熟，就有一些小商小贩在村里吆喝着："收酸枣了——收酸枣了——"酸枣可以卖，价格还不菲，刚捋的酸枣，有的还带着一些青皮蛋子，一斤就可卖到五六元钱。勤快的人，一天可以捋二三十斤，一天下来就可挣个百十元钱。所以秋天人们忙完地里的庄稼，就急着去捋酸枣，作为山货药材，补充经济收入。

酸枣的维生素 C 含量是柑橘的 20~30 倍，是所有水果中的佼佼者。酸枣仁具有宁心安神、镇静催眠等功效，是一种良好的保健药用食材。

秋分之后，"露已寒，将为霜。待到秋来九月八，我花开后百花杀。冲天香阵透长安，满城尽带黄金甲"，"野有蔓草，零露漙漙"。随着气温下降，寒露百花凋，霜降百草枯。红薯生长已到末期，就要叶干茎枯，刨红薯就成为当务之急。

红薯又叫甘薯、地瓜等，原产墨西哥，哥伦布发现新大陆之后，传入欧洲，又经西班牙传至摩洛哥、吕宋（今菲律宾）。

红薯

王金庄的红薯，20世纪50年代从邯郸磁县马头引进；1958年，作为粮食作物在全县普及推广。当时四斤红薯算一斤粮食，为村民生计发挥了极其重要的作用。

　　红薯喜肥又耐旱，清明节气过后，村民们会提前向栽红薯的田地施肥，一般使用传统农家肥如驴粪发酵肥等，可使栽种的红薯又甜又绵。然后用驴犁地，起垄，"垄大才能结大薯"。一般起垄宽50厘米，高25厘米，垄距70厘米，使红薯更好地通风透气，也更好向下往土里扎根。

　　立夏时节，天已变暖。随着"卖红薯苗！卖红薯苗！"的阵阵吆喝声，大爷大娘们接二连三地从家里走出来，上街买红薯苗。买多买少根据家庭实际需要，有买一两百株的，也有买三四百株的。大家一般喜欢买紫根的新鲜红薯苗，结出来的红薯是紫皮、白瓤、很甜，大家更喜欢吃。如果当天来不及栽，会将红薯苗放在有泥糊拌着的盆子里，往叶子上洒水，使红薯苗吸收更多水分和营养，保持新鲜活力。

　　栽红薯，是我很喜欢的一项农活。全家齐上阵，每个人都可以发挥作用。哥哥往田地里挑水；父亲在提前修好的垄上用镢头每隔30厘米左右刨一个小坑；我拿水瓢向坑里浇水；母亲往坑里摁放红薯苗，捧土围好，这样一株株红薯苗就按我们家的流水线栽好了。红薯苗长到60厘米左右，就需要翻秧，这样可以抑制红薯秧次生根的生长，使土里的红薯更好地吸收营养，长得更大。

　　到了寒露，红薯该收获了。刨红薯，很讲究技术方法。父亲总会提前用镰刀将红薯秧卷起来割掉，放在一端，给毛驴当饲料吃，然后再刨红薯。刨红薯时，镢头一定要在红薯根旁边下土刨坑，慢慢向红薯根靠近。露着的红薯，要用手轻轻提出来，这样可以减少红薯损伤，更易存放。如果直对着红薯根下镢头，容易把红薯砸断或碰破皮。

　　红薯收回来以后，人们将一些皮色鲜艳、大小适中、无病无虫蛀、完好无损的红薯挑出来，放在家中的深地窖中，同时会将一些谷穗毛糠均匀覆在红薯堆表面，提升温度。或者在田间选择一块土层深厚的地方，向下挖一个两三米的直筒型深井，再在下面横竖挖出几个窑洞，专门用于存放红薯。一个红薯窑一般可以贮藏两三百斤。如果保存得好，可以放到第二年五六月份。一些破皮的或者砸断的红薯，不易久放，将其清洗干净、蒸熟、切条，在房顶上晾干，当平时的零食吃；或者将熟红薯放在炉子上烤热吃，也很美味；还可以将生红薯切成片直接在房顶晒干，然后在石碾上磨成红薯粉，做红薯面饸饹，或者掺上玉米面、高粱面蒸成窝头吃，甜甜的，味道也很好。

（文 / 刘玉荣）

红薯可以制成许多美味的特色食品。常见的红薯淀粉制成的粉丝、粉皮等副食品，不仅风味独特，而且耐储存。红薯制淀粉后剩下的残渣，以及红薯的叶、藤是养猪的好饲料。

刚刨出来的红薯，挑选无病无虫无伤口的，先在红薯窑里放上七八天再取出来吃，更甜更绵，软糯可口，既可以和稀饭一起煮着吃，或蒸着吃，也可以拌上白面做油糕。不同的做法，呈现不同的风味。

冬闲时，妈妈们喜欢给孩子做红薯油糕。将 500 克红薯洗净蒸熟，晾凉后剥去皮；在面盆里将红薯捣成糊状的红薯泥，加入 300~400 克面粉揉成团。将 50 克红糖擀成粉状，与 30 克面粉拌成油糕的馅料，也可以将 30 克黑芝麻或白芝麻用小火在锅里焙至变色，再与 50 克红糖粉或白糖粉拌成馅料。将薯泥面团，揪成小团，擀成小薄饼，包上馅料，再擀成小饼状，入油锅炸至色泽金黄，并漂浮起来。刚出锅的红薯油糕，酥脆软糯，香甜可口，孩子们最是喜欢。

红薯饸饹面也是冬春季节的美食。500 克红薯洗净蒸熟，晾凉后剥去皮，捣成糊状薯泥，加入等量的面粉揉成团；200 克新鲜猪肉切碎，豆角、茄子等蔬菜切成小块备用；锅里倒入食用油大火烧热，放入花椒、八角、葱、姜、蒜，爆香后放入猪肉炒至

蒸红薯

变色，加入备好的蔬菜丁，放入适量盐，一锅香喷喷的菜卤就做成了；将和好的红薯饸饹面用特制的饸饹床压入烧开水的锅里，煮熟，吃的时候最好再加一些醋、香油。一碗好吃、解馋又解饿的红薯饸饹面就做成了。

在寒冬季节，将红薯洗净，顺手放在炉火旁，依靠自然的柴火，一会儿，伴随着缕缕青烟，就可闻到儿时熟悉又亲切的香甜烤红薯味道。待外面薯皮略烤焦，将烫手的红薯拿到盘子里，掰开，果肉焦黄而不煳，香味浓郁，时不时还会滴出几滴红色的蜜汁，是一年辛劳的犒赏，但要小心烫嘴哈。

红薯做的粉条也是农家一年四季可以享用的家常食材。

纯红薯粉条颜色会发黄、发青，这与红薯粉芡的质量有关。在把红薯做成淀粉的过程中会产生一种叫作"粉干"的东西，"粉干"一般会漂浮在红薯淀粉的上面，不易清理。如果红薯淀粉中"粉干"的量多的话，做出来的粉条颜色就会发黑。在农村做粉条的老人们舍不得把"粉干"扔掉，故意掺在里面，久而久之人们就认为只有黑色的粉条才是真的。由于成型的模具不同，做成的红薯粉条就有宽有细，但营养价值是一样的。红薯粉条适于熬、炒和凉拌。

　　一般红薯粉条在沸水中煮 15~30 分钟后食用为宜，较厚的可至 40 分钟。如果继续煮下去，粉条会由于吸水量增加，口感筋力下降，再继续煮下去粉条会变成小的短节，并最终因可溶性淀粉高温溶化而出现轻度糊汤现象。

秋笔 摄

十八　霜降·柿子

杪秋时分百草枯

火红柿子挂枝头

霜降一般在每年公历 10 月 21~24 日至 11 月 7~9 日交节。霜降，指的是天气渐冷、初霜出现，是秋季的最后一个节气，也意味着冬天的开始。《月令七十二候集解》关于霜降说："九月中，气肃而凝，露结为霜矣。"霜降分为三候：一候豺乃祭兽；二候草木黄落；三候蜇虫咸俯。豺狼开始捕获猎物，"祭兽，以兽而祭天，报本也。方铺而祭，秋金之义"；大地上的树叶枯黄掉落；蜇虫也蜷在洞中不动不食，垂下头来进入冬眠状态。

霜降时节秋收已在扫尾，即使耐寒的葱也不能再长了，所谓"霜降不起葱，越长越要空"。收获以后的庄稼地，要及时把秸秆、根茬收回来，因为那里潜藏着许多越冬虫卵和病菌，"满地秸秆拔个尽，来年少生虫和病"。霜降之后，秋耕保墒就要开始了。

秋季要做好精耕保墒

秋收大忙季节结束了，按说已到农闲时，人们该歇息了。但王金庄人不能歇息，还有大活需要去做，就是"犁秋地"。

庄稼收割完毕，秋天已经过去，冬天就要来临，已经不能种植，却

秋犁地

还要把整个梯田犁一遍。小块地拉不开套，不能用驴犁，就用人工来抏。

春天犁地是为了播种，秋后犁地有什么意义呢？很小的时候，我就向父亲提出了这个疑问。父亲说犁秋地是让土地休息，犁了才能休息，休息好了明年才有劲生长。父亲的话很模糊，我当时没弄懂，心想人累了需要休息，地又不是人，还休息什么？

王金庄有句农谚：秋天撅一镰，能顶春天拚一镢。这是王金庄人长期从事旱作农耕的实践总结。秋天把土地翻松，冬天冻住，春天消融，保住了土壤里仅有的一点点水分。秋天不犁地，等到春天，土壤里的那点水分就耗完了，形成坚硬的土壤结构，毛驴犁不动，骡子也犁不动。

地硬犁不动，人是可以撅开的，石头那么坚硬，人也有法撅开，但撅开后都是坚硬的土块，即使把大块破成小块也不行，干土块不能长庄稼。因此，犁秋地的保墒作用十分重要。

犁地重要，耢地也重要，只犁不耢，冬季土壤里的水分会蒸发掉，春季播种时种子不会在干地里发芽。

到了耕地的春秋两季，毛驴上山耕地，驮着两件农具，一件是犁，一件是耢。左边是耢，右边是犁，耢上还挂着个小铅锅，因为要在地里做饭吃。地里做饭吃得香。

王金庄的耢，也是祖先发明的，就这么简单的农具，也不是人人都会制作的，只有木工才会。我们的耢，耢过的地平整、保墒，春天再犁一遍播种谷子、玉米，一准出得齐生生、亮闪闪。

如果风调雨顺，冬雪覆盖着梯田，春天种地时再来一场旱地及时雨，那就不用考虑犁呀耢呀的保墒了。问题在于，太行山气候属温带大陆性季风气候，冬季受西风带大气环流控制，气候干燥，春秋两季，冷暖气流交替，干旱少雨，全年有限的降雨连500毫米都不到，而且都集中在夏季。于是有农谚："下雨满山流，天旱渴死牛；吃水贵如油，吃粮多发愁。"

风调雨顺很少见，十年九旱是常事。但英雄的王金庄人敢与天斗，敢与地斗，斗出了一整套旱作梯田农耕技术，遇上旱年，愁归愁但饿不死。我父亲那一代，我这一代，遇到荒年，从平川大粮区来这里逃荒避难的人可不在少数。

这里是生命的避难所。

（文／李彦国）

"霜降摘柿子，立冬打软枣。"柿子经过霜降后，涩味变淡，吃起来更甜，尤其是在树上自然脱涩的柿子，吃起来甘甜多汁，涩味全无。

柿子在我国已有2000多年的栽培历史。涉县柿树自古即分布广泛，满山遍野。清嘉庆四年（1799）《涉县志》载："萧萧昨夜起霜风，晓看园林柿叶红。莫道荒山无景色，漫天霞锦烂秋空。"涉县有柿树70万株，其中结果树50余万株。柿树个高，枝繁叶茂、耐旱耐寒、耐贫瘠，大部分被种植在梯田堰边、堰根以及坡坡坎坎上。

霜降时节，天高云淡，风清气爽，走在梯田的羊肠小道上，你会看到一株株的柿子树悄然耸立在石堰边，叶已由绿变红，红红的柿子更像一个个小灯笼，挂满树枝，惹人喜爱。走近顺手摘一个被太阳晒得暖暖的柿子，尤其是那被喜鹊小啄一口的，轻轻一咬，一股甜润的柿汁流入口中，沁人心脾；轻吸一口，犹如果冻般一下顺溜滑入口中，简直美极了。涉县柿子个大、色红、丰腴多汁，醇甜如蜜，古诗赞其"色胜金衣美，甘逾玉液清"，明清时曾进贡宫廷。

每年这个时候，王金庄男女老少总会齐上阵，背上长竿子上山采摘柿子。一般男人会用竹竿敲打柿子，而女人和孩子们则在树下捡，往箩筐里装，田野里到处都是欢声笑语。

张定的《在田录》记载，朱元璋小时候家里一贫如洗。有一年秋天，由于饥荒，他几天也没有乞讨到什么东西，饿得头晕眼花。正在此时，忽然发现一棵柿树上挂有成熟的柿子，他爬到树上，摘了十几个柿子吃，得以充饥。后来朱元璋当了皇帝，带兵再次经过此地，发现那棵柿树依然，而且挂满了柿子，于是又摘了几个柿子吃，并把身上的战袍挂到树上，封柿树为"凌霜侯"。

提起柿子，便不由说到过去忍饥挨饿的岁月。过去闹灾荒，孩子们从柿子开花起，就盼着早点结。柿子还没熟，就和小伙伴们急着去采摘，把它埋到麦秸窝里暖上，过几天就能吃到甜甜的柿子了。有时坡上的柿子摘完了，就去摘村民地里边的，常常招来一顿呵斥……

现在生活好了，柿子不再是人们的果腹之物，但它仍以极好的口感及药用保健价值而受到人们的喜爱。柿子中的维生素C含量，超过常见的维生素C含量较高的水果如芒果、枇杷、柠檬、菠萝等。鲜柿香甜爽脆，放软甘甜多汁。加工干制的柿饼、

小洋柿子

柿块、柿条、柿脯等，养分被浓缩，香甜绵韧，像饴糖一样耐嚼。除鲜食、干食外，由柿子酿制的酒和醋等品味也极佳。柿子还可医病，对于痢疾、干热咳嗽、牙龈出血、贫血等均有一定疗效。

柿子按果形有圆、扁、方、尖、长、磨盘、莲花等形状，按颜色分为红柿、黄柿、黑柿等。作为过去主要的木本粮食，涉县栽培的柿子保存了非常多的种质资源，主要有磨盘柿、牛心柿、黑柿子、大方柿、满天红、符山绵柿、小洋柿子、小绵柿、小方柿。

柿子的吃法很多。王金庄的涩柿子从树上摘下后，需要去涩。柿子去涩可采用温水脱涩法（也称揽柿子，将柿子浸入30~40℃的温水中，并保温24小时）和自然脱涩法（将成熟的柿子贮藏于阴凉处，使之自然变软脱涩，一般需要较长时间）。温水脱涩法处理柿子方便快捷，但是难以保留柿子特有的柔顺滑溜的口感，自然脱涩法处理的柿子，需要时间长，有时还会因为处理不好使柿子僵化变质，但处理的柿子能够保留其柔顺滑溜的口感。

如果你想吃煮柿子，那就要先揽柿子，采收黄熟期（果皮黄色）的柿子放入20~25℃的温水中，浸泡15~16小时，去除涩味。把揽好的柿子放入煮着的小米粥（小米半开花时放柿子）或豆面汤中继续煮15分钟左右，见柿皮有裂纹时，就煮软了，捞出即可食用，但不可多食。圆的小的牛心柿、小洋柿子、小绵柿、黑柿子都可以煮着吃。柿子盖红的煮着甜，青的涩，硬的或略软的柿子可以煮着吃，但不能煮时间太长，时间太长就涩了。小时候摘柿子后要吃半个多月煮柿子。

柿子除了生吃，磨盘柿、牛心柿、大方柿、符山绵柿、黑柿子可以加工成柿饼，还可以做成柿康炒面，制作柿子酒、柿子醋等。

制作柿饼是王金庄传统技艺，从选柿子、削皮、晾晒、捂

小绵柿

磨盘柿

牛心柿

霜，大约一个半月的时间。

　　先挑选刚好成熟、完整无缺但还没有软的柿子，削去柿皮，然后放进准备好的篓子里或置于房顶通风透气的席子上晾晒；晒柿子的时候一天要翻动几次，好让柿子所有部位都能够晒到阳光。10 天后，柿子表面晾皱，开始捏饼，柿子变得柔软后，放到盆或缸里，置于阴凉处密封七八天，然后再放到屋外晾晒。传统的自然晾晒方法，可增加柿饼的糖转化率，口感绵软，甜度高；这样经过三晒三捂的晾晒和闷藏密封保存过程，柿子颜色由红变褐，慢慢地柿饼上面就会生出一层白霜（柿霜）了。

　　柿饼外面这层渐渐渗出的白色粉末，叫作柿霜，是柿子水分蒸发后从果肉里析出的果糖遇冷结晶而成。柿霜含甘露醇、葡萄糖、果糖、蔗糖等。将柿霜扫下，集中在一起，加热熔化为饴状时，倒入特制的模具中，晾至七成干，用刀铲下，再晾至完全干燥，就是"柿霜饼"。柿霜饼味道极凉极甜，极其珍贵，可供药用。

　　柿饼不仅好吃，而且有降压止血、清热润肠的作用。王金庄的柿饼口感干爽，久藏也不容易变质。这种用自然方法制作柿饼

柿饼

的过程较复杂，技术性强，需要较长时间和好天气，大约一个半月的时间才能完成，一般 11 月底或 12 月初才能晒出合格的柿饼成品。12 月之前上市的柿饼都可能是机器烘干的，有的柿霜也是伪造的。

做柿饼时削下的柿皮，捂到合适程度，不软不硬，很甜，是王金庄人的重要饮食调剂食品，可以包在玉米面窝头里面等。冬季若吃不完，到春季就不再柔软了。这时，可用开水烫过，掺了小豆做包子馅。蒸成的柿皮包子，既有柿皮的甜，又有小豆的香。

与软枣糠炒面相似的是柿糠炒面，是由软了的柿子与谷糠搅拌均匀，晒干后用石磨磨成的面粉，是过去饥荒之年王金庄人的重要食物。苦垒也是困难时期解决人们吃饭问题的主要粮食。把玉米面炒熟，加一点水，加上软柿子搅拌起来就是苦垒。因为柿子带着甜味，口感比较好，现在人们也还在吃。

柿子虽好，但是也不宜多吃，尤其是不能空腹吃，否则会引

柿子、柿饼、糠炒面、黑枣

起恶心、呕吐、胃溃疡，甚至造成胃穿孔。好吃的柿子皮中也含有一种叫鞣酸的物质，即使在柿子脱涩时，也不可能将其中的鞣酸全部脱尽，如果连皮一起吃更容易形成胃结石。另外吃完柿子一定要记得漱口，柿子含糖高且含果胶，柿子的残余留在牙缝中，加上弱酸性的鞣酸，很容易对牙齿造成侵蚀形成龋齿。

十九　　立冬·软枣

立冬季节打软枣

沙甜可口黑珍宝

　　立冬是冬季的第一个节气，一般于每年公历 11 月 7~8 日至 11 月 21~22 日交节。立冬分为三候：一候水始冰；二候地始冻；三候雉入大水为蜃。此时水已经能结成冰；土地也开始冻结，野鸡一类的大鸟便不多见了，而海边却可以看到外壳的线条及颜色与野鸡相似的大蛤蜊，所以古人认为雉到立冬后便变成大蛤蜊。"立，建始也；冬，终也，万物收藏也"，意味着生气开始闭蓄，万物进入休养、收藏状态。秋季作物全部收晒完毕、收藏入库，动物已藏起来准备冬眠，气候也由少雨干燥向阴雨寒冻渐变。

　　立冬是享受丰收、休养生息的时节。劳作了一年的人们，要利用这一天休息一下，顺便犒赏一家人一年来的辛苦，所以有谚语"立冬补冬，补嘴空"。

　　立冬前后，降水显著减少，大地封冻，农林作物进入越冬期。但是梯田里还有个小秋收——立冬打软枣，软枣比柿子晚一个节气成熟。漫山遍野的黑枣挂在枝头，随风吹过而不时落下几颗，啪啪作响。这几年，软枣是市场上少有的自然生态的健康食物，越来越受到人们喜爱，价格从一斤不到一元，已经涨到两三

黑枣

拐枣树

拐枣树的花

拐枣树的花

元了，昔日的救荒救灾作物现在成了香饽饽。

软枣，又叫黑枣，为柿树科柿树属君迁子的干燥成熟果实。原产我国黄河流域，主要分布于河北、山东、河南、山西、陕西等省。我国栽培黑枣的历史悠久。段玉裁在《说文解字注》中叙述："遵，软枣也，似柿而小。"崔豹《古今注》云："牛奶柿即软枣，叶如柿，子亦如柿而小。"

涉县软枣资源丰富，有干径1米多，树高14米以上的大黑枣树，有经过嫁接成柿树的干径4尺（1.33米）多、高达十几米的老柿树。明嘉靖三十七年（1558）《涉县志·物产·田赋》记载："永乐十年，起科官民夏秋地，与洪武二十四年同（一千四百一十六顷七十七亩七分，70 877.7亩），不起科民地，四百二十四顷九十六亩（21 296亩），软枣七万二千四百九十株"，"永乐十年，户二千三百八，口一万四千六百八十七"，据此，在明永乐十年（1412），涉县84 947.28亩土地，人均土地5.78亩，而人均软枣树已达4.94株。可见，在600年前，涉县

八姐九妹果实

十大兄弟种子与果实

牛奶枣树

牛奶枣的花

牛奶枣

软枣已成为当地主要物产之一。

软枣树属于深根型树种，保水固土能力特强，是抗旱抗寒、耐瘠薄、早果丰产的果树。涉县软枣以果肉敦实、味道甘美、营养丰富在全国享有盛誉，在长期生产实践中，选育了不少优良品种。按其嫁接与否，分实生和嫁接；按花的性质，又分雄株、雌株和单性结实植株。涉县栽培经济效益较高的是无核黑枣。当地把软枣也称为黑枣，黑枣树分公母，只开花不结果的叫拐枣树，是由种子繁育形成的实生植株，只有雄花，所以拐枣树也叫公软枣树，主要作为柿子或无核软枣的优良砧木，通过高接换头，2~3年就能结果。既开花也结果的又分为有核软枣和无核软枣。有核软枣有十大兄弟和八姐九妹两种。无核软枣有葡萄黑、牛奶枣、羊奶枣三种。十大兄弟和八姐九妹都是多核软枣，耐贮藏，但由于种子过多，食用价值低，主要用于造酒，繁殖苗木。

葡萄黑，果实纤维中等细长，含淀粉较多，吃时有绵的感觉。主要食用，味道甘甜，经济价值高。

牛奶黑枣，果形丰满，像牛奶头，故此得名。该品种多数

234

固新白节枣

白节枣的花

白节枣

无核，偶有 1~2 核，果肉纤维少，质地绵，浆汁少，味道甘甜。经济价值高，果实丰产、高产。

羊奶黑枣，果粒较小，像羊奶头，故得名。果肉纤维少，质地绵，浆汁少，味道甘甜，经济价值高，但产量较低。

软枣树生长很缓慢，十几年甚至几十年才能长成，不像花椒树三年就挂果。王金庄的软枣树大多是祖先留下的老果树。软枣树大多长在堰上而没长在地里，由此推测，是否先有树后有地？长了多少年？原是野生的拐枣树和有籽软枣树，祖先怎样嫁接成了无核黑枣？一串串疑问，深藏着祖先的生存智慧。

"白露打核桃，霜降打柿子，立冬打黑枣。"每年立冬过后，阵阵寒风吹过，枝头上的黑枣便开始发黑，王金庄的男女老少就开始拿着箩筐，赶上毛驴，背着长长的竹竿子到梯田里打黑枣。由于黑枣树较高大，人们一般会买 6 米长的竹竿。在黑枣树下铺上布，拿上竹竿，爬上树伸向黑枣来回敲，黑枣落在地上，捡到筐里担回来，不能用驴驮，容易烂。回到家，赶紧把筐里的黑枣铺到房顶，趁着天气好，晒两至三天。有时候还在地里打黑枣，就有人来收了。

软枣性味甘、涩、凉，归大肠、肺经，有清热、止渴的功效，用于除烦热、消渴。多用于补血和作为调理药物，对贫血、血小板减少、肝炎、乏力、失眠有一定疗效。软枣含丰富还原糖、淀粉和各种维生素。软枣树，贫时救命，盛时济困。现在不吃软枣了，都卖到外面了，成为家庭的重要收入和生活来源。可老一辈曾经挣扎在饥饿线上，如果不是这些软枣树，没有软枣做成的炒面或糠炒面，很多人活不下来。

在缺衣少食的年代，黑枣成熟后采摘晾干，在寒冬腊月里，家家户户烧起火炕，将黑枣摆在火炕泥坯上烘干，然后在碾子上磨成面粉，俗称"炒面"。

软枣和粗糠曾经是救命粮。粗糠就是打谷场里碾下来的，用簸箕簸出来的秕谷，我们叫粗糠，俗称"莠糠"；石碾碾谷时，碾子上碾出的小米上的谷子皮，我们叫细糠。做糠炒面，一般舍不得用细糠拌软枣面，因为细糠还要捏窝窝头。

挑上不干的软枣，掺和粗糠，捏成小球，放在屋顶晒5~6天，以前每家每户捏的糠块，在房顶上、笆子上、墙上晾晒。站在山上看村子，整个一个糠块覆盖的村庄。晒干后，拾到篓里，一眼篓一眼篓地往土炕上背，堆得一尺多厚，把土炕严严实实地盖住。土炕下的灶池里点燃圪针柴，噼里啪啦地燃烧起来。炕面的土坯烧红了，底层的糠块也就烧熟了，再把上面的糠块翻腾到下面。到了晚上，灶池换上树根、树桩一类的粗柴，小火加温。第二天早晨起来，再点燃圪针柴大火烧炕。糠块放在炕上烤得特别香酥，再用石碾子碾成粉，称为"糠炒面"，相比炒面味道香甜，更可口。在孩童时代，同学们总会将家里藏存的炒面带到学校，你一口，我一口，吃得别提有多香。吃完后，炒面的香甜味久久不能散去，弥漫在整个教室空气之中。平时早上，舀半瓢糠炒面，撒在豆面汤里拌匀，连甜带香，可好吃了！

糠炒面

好的黑枣皮色应乌亮有光，黑里泛出红色，皮色乌黑者为次；色黑带萎者更次。好的黑枣颗大均匀，短壮圆整，顶圆蒂方，皮面皱纹细浅。在挑选黑枣时，也应注意识别虫蛀、破头、烂枣等。

黑枣可以直接吃，挑选软而不嫩，质韧有嚼头、颜色黑黝黝的黑枣，直接吃。或者将黑枣切成片，晒干，放在锅里炒熟，用石碾子碾成粉，用豆面汤酿着吃。为了弥补香味，在大锅里把玉米炒成爆米花，与黑枣片一起碾成粉，吃上半碗，去地里干活。黑枣还可以煮汤、煮黑枣粥吃。如以糯米煮粥，加上黑枣，即成黑枣粥。糯米也有滋阴养血的作用，加了黑枣，滋阴效果更好。切记不要空腹进食大量黑枣。因为黑枣中含有大量鞣质，在胃酸的作用下，会与蛋白质结合成鞣质蛋白沉淀在胃内，进而形成有一定硬度的胃结石。一旦发生胃结石，轻者会感到上腹坠胀、疼痛、恶心，重者可出现呕血，黑便，甚至导致胃穿孔、肠梗阻。

秋笔 摄

二十　小雪·白菜

孟冬小雪收白菜
全民存粮又储菜

　　小雪是冬季的第二个节气，一般在每年公历 11 月 22~23 日至 12 月 7~8 日交节。小雪是寒潮和强冷空气活动频数较高的节气，意味着天气会越来越冷，降水量会渐增。小雪分为三候：一候虹藏不见；二候天气上升地气下降；三候闭塞而成冬。

　　在王金庄，小雪是一年中最后的收获季，是将一年的辛劳收集储藏的时节。当地俗语说"小雪封地"，小雪后地就上冻了，在这之前要把地都拾掇完，也就是收割后还要耕地、除草，这样地比较暄软，可以保墒。

　　王金庄地处资源匮乏的石灰岩山区，因此人们居安思危，丰年防歉意识极强，所谓"仓中有粮，心中不慌"，"仓口不省，圈底发抖"。即使到现在，很多家庭依然有储 10 年以上豆子、20 年以上谷子的。人们不管长期储藏的谷物好吃不好吃、能不能吃，他们只是延续着祖辈传下来的习俗，只管存放，并把这些陈小豆、旧谷子当作命根子。过去王金庄有个普遍认识：家里办白事时，吃的小米越发白、干萝卜条、干扁豆角越发黑，主家越感到荣耀，因为这说明主家有丰厚的积蓄。"藏粮于地、存粮于仓、节粮于口"是王金庄抗击十年九旱等自然灾害的生存法则。

储存粮食的工具有很多，其中比较常见的有四种，分别是：圈、条囤、埠和缸。圈以前是用芦苇、高粱秆打成席子之后缀成的圈，通风、通气，一般用作临时性存放粮食；现在是用三合板钉起来的，比较轻便，是王金庄人最常用的储粮工具。条囤是用荆条编成大小不等、形状各异的囤子，内用泥和麦糠抹上一层，因为是泥巴糊起来的内壁，所以密封性不好，现在基本不用了。埠，以前主要是木板制成，现在主要是石板、砖头、水泥板等盘起来的，用得也不多。条囤和埠主要是存储谷子的。缸，要选用从未盛过水的缸，因为盛过水的缸在伏天会返潮，那么存放的粮食就会腐烂。缸封闭性好但透气性不好，主要用来存放金贵的小麦，不过现在用得也少了。现在王金庄人存粮食主要用三合板做的圈，而且很多人家也改变了过去大量存粮的习惯，每年种出来的粮食留一部分自家用，其余的就卖掉，不够的时候再从市场上购买。

小雪收白菜，这个节气收获的白菜口感最好。因为白菜在冬天需要防冻，当气温下降时，大白菜为了防止自身细胞冻伤，会设法提高细胞液浓度，降低凝固点；而提高自身细胞液浓度最简单有效的方式，就是将没有甜味的多糖（淀粉、纤维素）分解成有甜味的单糖（葡萄糖），从而增加了大白菜的甜度。

时至小雪，经过多次霜冻消融之后，大白菜不仅甜度增加，吃起来也更绵软，更好吃了。白菜收早了，甜度不够；收得过晚，就会遭受冰冻，不耐贮藏。

"头伏萝卜二伏菜"，白菜播种在二伏，这是全年最热的时候。立秋时节前三天种是稙白菜，后三天就是晚白菜。白菜种早了，不到大暑二伏天种的白菜，早早就由内向外腐烂，其实是生了一种细菌性的白菜软腐病，一旦生病，白菜就会从心叶内部开始腐烂，得病白菜会产生一种臭鸡蛋味的恶臭。即使在收获后的

白菜

贮藏期，白菜的软腐病也仍然会发生。白菜属于喜钙作物，一旦土壤中缺钙，白菜会得干腐病：外面看着白菜好好的，撕开外面的大叶，会发现内部的菜叶干枯枯萎，像枯黄色的纸一样。

墁菜籽

墁 [màn]，用石板铺院叫墁院，用砖铺地面叫墁地，王金庄种菜叫墁菜。

《涉县志》有记载，芥菜、小菜、菜根、灰灰白，在王金庄有很长的种植历史了。

农人忙，忙得很，但再忙，在伏天也得抽空把菜墁上。白菜是这样墁菜的：大雨过后，趁地湿，把圈粪撒在地里，再撒上菜籽，用扎勾挠一下，浅浅的，这就叫"墁"。白菜这东西最喜欢驴粪了，没粪是不行的。墁菜根是穴施，一个窝（用锄头抠成的小坑）里放一捏菜根籽（实际上有三个籽），不用间苗，一穴长三个，它更幽雅，三个菜根撅着屁股愣长。

　　"头伏萝卜二伏菜"，是劳动人民在实践中总结出来的，早不行迟不
行，大暑耰菜正当时。白菜如此，菜根亦然，早种的菜根不好吃。芥
菜、菜根、小菜、白菜栽种节令都在大暑。

　　以前王金庄人也不会种菜花，现在也会种了。菜花要早些耰，赶在
头伏之前。

　　立秋前，老农们便开始忙碌起来，施肥、翻地、起垄。立秋
前后，就要播种耰菜籽，10 天左右，白菜就出苗了，这时就要
间苗、浇水、除草。每年霜降之后，白菜长大了，要用谷草或榆
树枝条，把白菜一棵一棵地拦腰捆绑，让白菜心长得更结实。到
了小雪时节，经过秋霜打过的白菜，叶子更加肥厚，汁多味甜，
人们用铁锹将一棵棵水灵灵的白菜收回来。白菜产量高，村里种
植的白菜主要是自家食用，每户一般种半分地就足够了。

　　白菜和萝卜等蔬菜一样耐寒而易于储存，人们一般在秋末大
量储存，即所谓"秋菜冬贮"。白菜伴人们一个冬天，直到来年
开春。所以储存白菜使其保鲜而能供养一家人冬天的菜蔬就非常
重要。对于品相好的白菜，一般是鲜储：农户会在梯田里挖一个
宽一尺到一尺半、深五十厘米、长随白菜数量而定的壕沟，将白
菜根向下并排摆放在沟里，上面用一些玉米秸秆或谷秆覆盖，深
冬上冻时还会在上面覆一些土，把白菜贮藏在地里。

　　青帮多的白菜，品相不好，比较适合做干菜。比如白菜播种
晚了，生长后期光热不足，白菜心叶就会包不好，像市场上的小
油菜一样青帮过多，把它收回来，从中间分开，在阴凉处阴干，
就成了干菜，作为冬春季蔬菜的补充。

　　白菜也是做沤缸菜的一个重要原料，老年人喜欢把这类菜和
面粉混合做成菜窝头来吃。

　　但不管市场如何变幻，爱吃白菜的人对它的喜爱始终不变。

民间很早就有"百菜不如白菜"的说法。这与它烹调简易、荤素皆宜、味道鲜美有关，也与它适应性强、易栽种、好管理、产量大、食期长等优点分不开。人们专注于白菜食用方法的开发，发明了多种食用之法，炖、炒、熘、拌、做馅、做配菜、腌制等皆可，常见的菜式有醋熘白菜、砂锅白菜豆腐、响油白菜、翡翠白玉卷、糖醋白菜、酸辣白菜、猪肉白菜炖粉条等几十种。即便是在食物种类极其丰富的现代，白菜依然在王金庄人饭桌上占据重要的位置。

白菜

涉县农业农村局提供

二十一　大雪·萝卜

仲冬大雪天气冷
地冻莱菔萝卜长

　　大雪一般在每年公历 12 月 7~8 日至 12 月 19~20 日交节。大雪的意思是天气更冷，降雪的可能性比小雪时更大了，并不指降雪量一定很大。大雪分为三候：一候鹖鴠不鸣；二候虎始交；三候荔挺出。意思是到这个季节，天气寒冷，飞禽无踪，走兽无影，连寒号鸟也停止了呼叫。5 天之后，为阴气最盛之时，盛极而衰，阳气已经有所萌动，于是老虎开始求偶。再过 5 天，即为仲冬雪季，万物沉寂，一种叫荔的兰草，也感受到阳气的萌动而抽出新芽，在此时独独长出地面。

　　人常说，瑞雪兆丰年。严冬积雪覆盖大地，可保持地面及作物周围的温度不会因寒流侵袭而降得很低，为越冬作物创造了良好的越冬环境；积雪融化时又增加了土壤水分含量，可供作物春季生长的需要。另外，雪可吸附空气中大量的游离气体，通过化学反应，生成氮化物。雪水中氮化物的含量是普通雨水的 5 倍，有一定的肥田作用。

　　小雪封地，大雪封河。大雪时节，按说人们该冬闲猫冬歇息了，但王金庄人依然为生计忙碌。这个时节主要农事包括修边垒

编筐

堰、冬储秸秆、兴修水道、积肥造肥、修理粮仓、储存粮食等。妇女们经常三五成群，扎堆做针线活。手艺之家将主要精力用在手艺上，如印年画、磨豆腐、编筐、编篓等，赚钱补贴家用。

能编箩筐的能人是从霜降后就开始准备的，霜降后叶落，割荆条是最好的。割回来的荆条，去掉小枝杈，晒3~4天后存储起来。等到用的时候，再用水泡半个月，或者把干条子埋到土里半个月，等软了之后就有油性了，再编篮筐。长于编筐的能人一天可以编4个。也有少数人家直接拿新鲜的荆条来编筐，新鲜的荆条没有油性，不仅费手，而且编得慢。以前回娘家、走亲戚、看月子都要带12个馒头，过去日子过得不好，馒头蒸得小，所以每家每户就要有一个能放12个馒头的荆条篮子，这个篮子大小要刚刚好——篮子大了，馒头装不满，不好看；篮子小了，装不下12个馒头，也不行。编箩筐的技艺也是一代代传下来的，不过现在年轻人喜欢学编筐的不多了。二街刘解苏家到现在还保存着一个只能放下一只鸡蛋的小编筐。

大雪时节，天寒地冻，梯田也已经封冻，可在看不见的土地里还埋藏着一些越冬的食物，人们还美其名曰"地冻萝卜长"。

在王金庄，白萝卜是重要的抗灾储备蔬菜之一，是农家必备，在石堰梯田的栽培历史悠久。据史料记载，明朝时白萝卜已经是主要蔬菜种类，清代、民国时栽培也比较多。我国是萝卜的原产地之一，据《尔雅》《诗经》和《神农本草经》记载，萝卜上古叫芦葩，中古叫莱菔，后来才改为萝卜。白萝卜又称莱菔子，是十字花科植物萝卜（莱菔）的新鲜根。

一根好的白萝卜，肉质肥厚丰润、细腻无渣，脆嫩多汁，清甜爽口，难怪元代许有壬高度评价萝卜："熟食甘似芋，生荐脆如梨。老病消凝滞，奇功值品题。"白萝卜既含丰富的钙，又不含草酸，是钙的良好来源。许多食物含钙丰富，却同时含很多草酸，草酸与钙结合成不溶性的草酸钙，不能被肠道吸收，而萝卜无此弊病。萝卜的另一特点是含丰富的维生素 C，还含有丰富的木质素、糖化酶和消化酶。正因如此，民间有俗语说"冬吃萝卜夏吃姜，不劳医生开处方"。白萝卜中的淀粉酶不耐热，温度超过 70℃便被破坏，维生素 C 也一样。从营养学的角度看，"生嚼"的吃法最科学。另外，萝卜中含的活性很强的干扰素诱生剂——可降低消化道癌变的几率——也不耐热，只有生吃并咀嚼或榨成汁时才能直接接触胃肠壁的黏膜细胞，刺激消化道产生干扰素。

"头伏萝卜二伏菜，三伏荞麦不用盖。"萝卜是头伏就种下的，种胡萝卜是撒种子的，而种白萝卜则需要挖坑点籽。白萝卜长大后，农户们在地里干活儿口渴了，就直接拔白萝卜来吃。小雪后收的白萝卜，就地挖坑窖存，一层白萝卜一层土，最上层盖上土和玉米秸秆。存在地窖里的白萝卜不容易糠芯，吃的时候挖出来很新鲜的。

白萝卜种子

绿头白萝卜种子

王金庄保留的农家种白萝卜有绿头和紫头两个品种。老品种白萝卜细长，含水分较少，芥辣味浓，适合晒制萝卜条和腌制萝卜丝。新品种水分多，辣味也较少。可能是因为白萝卜的辛辣，或者初冬时节家户里存储的蔬菜比较丰富，王金庄人比较少吃新鲜的白萝卜。他们最常做的是晒白萝卜条。白萝卜条也分两种做法，一种是生晒，即白萝卜切条后直接晒干，这样的生萝卜条适合做抿节、熬粥；另一种是熟晒，即白萝卜切条后先焯水再晒干，熟萝卜条可以炒菜、剁馅包饺子，都很好吃。做小笼包，用熟萝卜条和肉末混合，多加点儿葱花，是吃不出萝卜味儿的。白萝卜条一般 4~5 天就晒干了，存放在干燥阴凉的地方，一般到来年二三月份吃。

胡萝卜原产于欧洲寒冷干燥的高原地区，并非我国的原生物种，根据"胡萝卜"的称谓，就能知道它的异域身份。张骞从西域携回的植物种子，史料记载中仅提及苜蓿、葡萄等，而并未谈到胡萝卜，所以，人们无法断定其传入中原的具体时间。有学者考证认为，阿富汗的紫色胡萝卜是最早栽培的品种，有 2000 多年的历史，10 世纪从伊朗传入欧洲大陆，并被驯化为短圆锥橘黄色萝卜，12 世纪（北宋、南宋时期）经伊朗传入我国。

胡萝卜因适合涉县气候，成为石堰梯田冬春季的主要蔬菜，也是主要的储备抗灾蔬菜之一。由于品种不同，王金庄种植的胡萝卜形状、颜色各异，有的身材肥硕，有的体态苗条，颜色有橘黄、红色、深红等。现在王金庄还在栽培的胡萝卜农家种有大红袍、二红袍、小头黄（俗称贼不偷）、扎地红等，当地人认为贼不偷是萝卜中的极品，赛过人参。贼不偷萝卜长成后，土里的块茎比较大，上面露出土的却非常小，贼看见了以为很小所以不偷，才得此名。

胡萝卜多在暑伏的一伏天播种，在秋冬季的小雪至冬至收获。

胡萝卜的种子顶土能力较低，发芽率比较低，所以选择种子时尽量选择新鲜的，地也应深耕细作，耙细耙匀。胡萝卜属于根茎类作物，肉质根生长膨大需要较深厚和疏松的土质，胡萝卜的种子小，且表面生有毛刺。伏天种植胡萝卜，为提高出芽率，应让其充分晾晒均匀，播种前最好用草木灰将种子揉搓一下，使种子表面接触土壤的机会增大。

胡萝卜种子播种后，可用树枝轻轻拖拉一下表层土壤并轻轻踩踏，使种子与土壤紧密接触，然后用一些树枝秆草进行覆盖，以保持湿度，防止暴晒，才能保证全苗。胡萝卜要出好苗，需要有一场回头雨，撒胡萝卜要趁雨，撒后最好再一场雨，保持土壤湿润，加快出苗。出苗后，要及时间苗，间去病弱苗、过密苗；株距不宜过大，定苗后在10~15厘米为宜，植株5~6片叶子时即可定苗。定苗的同时，可进行中耕除草。这时苗弱，除草尽量浅锄，以免伤及幼苗根系。

胡萝卜虽然根系发达，有较强的耐旱性，但其肉质根膨大时，要保持土壤始终湿润足墒，所以生长期需要有充足的水分。但连续降雨时还要做好排水的工作，土壤过湿，会引起胡萝卜肉质根开裂。胡萝卜一般在立冬前后成熟，采收时间不宜过早，一般在11月中下旬可陆续采收。胡萝卜和白萝卜是差不多时间收获，也是就地挖沟窖存。

胡萝卜营养十分丰富，富含蛋白质、脂肪、膳食纤维、碳水化合物等，特别是富含胡萝卜素。传统中医认为，胡萝卜生食能清热润燥，熟食能润肺止咳，有"小人参"之誉，有药用价值。所以胡萝卜可生吃，可熟吃。从营养吸收的角度来看，胡萝卜熟吃比生吃好，因为胡萝卜素与维生素A是脂溶性的，不溶于水而溶于脂肪。如果生吃，70%以上的胡萝卜素不能被吸收。烹调时因增添油脂而大大提高营养吸收利用率，所以胡萝卜最好的吃法是切块与肉同炖。

在王金庄，胡萝卜吃法很多，生吃、熬粥、做馅、晒胡萝卜

胡萝卜

胡萝卜田

干都行。小孩子喜欢生吃，甜甜的，中间的芯儿特别好吃，像小骨头一样。熬粥的时候煮着吃，把土豆、红薯、白萝卜丝、胡萝卜块、菜根，煮一大锅，捞干的基本就能吃个半饱，米汤还有点儿甜味。人们觉得红薯和菜根是上火的，白萝卜是败火的，胡萝卜营养丰富，对眼睛好，所以吃了这种粥会耳清目明。晒干后的胡萝卜，可以保存得更久。在王金庄，驴也吃胡萝卜条，不过一次要少喂一些，吃多了容易撑着。胡萝卜还可以切成片或擦成丝腌咸菜吃；胡萝卜的叶子也可以腌制咸菜，方法和白菜的腌制类似。

胡萝卜馅扁食是王金庄的传统吃食，冬至、大雪、小年、大年、元宵节，大部分都要吃胡萝卜馅扁食。拌胡萝卜鸡蛋馅还是有技巧的：胡萝卜擦丝剁碎，适量大葱、生姜切丝剁碎，起锅倒油，鸡蛋若干炒熟剁碎。再起锅倒油，油热加入葱、姜炒香，加入胡萝卜炒软，然后加鸡蛋碎翻炒均匀，加入盐、生抽、香油等

黄萝卜繁种田

黄萝卜花序

黄萝卜繁种

搅拌均匀。也可加入适量猪肉馅。冬天闲了就该休息了，包上胡萝卜馅扁食，放在冰箱里冻上，随时都可以吃。

饮食习惯及其变化

饮食取决于当地的物产。王金庄地处山区，山多石多土少，干旱少雨，气候环境恶劣，物产较匮乏。主要耕种的粮食作物仅限于谷子、玉米（玉茭）、黄豆、小麦、高粱等；蔬菜作物主要有山药（当地把土豆俗称为"山药"）、南瓜、豆角、胡萝卜、白萝卜、蔓菁、西红柿、青椒等；常见的果品有柿子、黑枣、苹果、杏、梨、枣、桃、石榴、山楂、葡萄、杜梨等。

王金庄的主食曾经以糠面为主，只是各家掺糠多少不同。上等糠面一升糠兑一升玉米，中等糠面二升糠兑一升玉米，下等糠面三升糠兑一升玉米。细糠不足的，再配油糠（粗糠）。上等糠面可以捏成窝头吃，有条件的掺点柿皮，这样窝头的黏度和口感稍好点；下等糠面用来做"苦至"。有软柿子时，用软柿子拌着苦至，没柿子时，用饭汤和着吃。

一般农户每年都要用柿子、黑枣拌油糠捏成糠坷垃、炕熟推成炒面。早晚是小米稀饭或豆面汤，吃糠窝窝、苦垒或炒面。中午饭多是稠饭、捞饭、焖饭、面条、杂面（豆子、玉米、小麦磨成的混合面）、抿节等。每年春节是改善生活的日子，能吃上肉的是少数家庭，多数家庭初一早上吃一顿素扁食（饺子）就过了节。上中等户初一、初二中午吃大米、白面馍，初三至初五就换成忽挛（杂粮）了。

在王金庄有句俗语"糠菜半年粮"，各类菜蔬也是当地的主要食物。夏秋多以南瓜、豆角、土豆、萝卜为主。冬春吃晒干储存好的萝卜条、南瓜片、豆角丝，和用豆叶、羊桃叶和下霜后的蓖麻叶做成的"沤缸菜"。其中的豆叶菜在白露时节豆叶发黄时采摘，煮熟淘净，用热水将米面粉和凉水调匀，入锅再煮，倒入缸或盆内晾凉，菜叶盛到缸内，用米浆腌渍，发酵几天后即可食用。

在夏秋鲜菜盛产期，人们也多是食用大锅熬菜，或者把菜混合在米、面中做"一锅饭"。人们对饭菜多不计较好赖，只在于填饱肚子。即使家中有鸡蛋，也用来换油盐酱醋。一遇灾荒年，粮菜无收，人们就只能以树叶、野菜充饥。

现在王金庄的经济收入有了较大提高，主副食结构也发生了根本变化，结束了吃糠历史，人们的生活水平日渐提高。越来越多的村民走出大山，到外地打工，一来增加了收入，二来也接触到了外面世界的生活方式，啤酒、面包、牛奶、饮料等逐渐进入人们的日常生活，村民饮食开始由温饱型向营养型转变。

温双和 摄

二十二　冬至·蔓菁

阳气始生福践长
蔓菁芥辛温胃康

冬至又称"冬节""贺冬"，通常在公历 12 月 21~23 日至 1 月 4~5 日交节。阴极之至，阳气始生，日南至，日短之至，日影长之至，故曰"冬至"。冬至一候蚯蚓结，二候麋角解，三候水泉动。据说，蚯蚓是阴曲阳生的生物，此时阳气虽已上升，但阴气仍然十分强盛，土中的蚯蚓仍然蜷缩着身体；麋与鹿同科，却阴阳不同，鹿角朝前生，为阳，故夏至后一阴生则鹿角解；麋角朝后生，所以为阴，故冬至一阳生，麋感阴气渐退而解角；由于阳气初生，此时山中的泉水可以流动并且有温热感。

冬至是北半球白昼最短、黑夜最长的一天，之后"吃了冬至饭，一天长一线"。冬至开始"数九"，是全年最冷时间的开始。村里人戏说这一天不吃扁食会冻掉耳朵，因此这天人们多吃扁食。

而苦寒时节，产啥吃啥，有啥吃啥，面对干旱缺水的梯田，人们充分利用作物如蔬菜、干鲜果，甚至大自然曾经馈赠的各种野菜，制作各种美食。这时候，储藏的蔓菁（小菜根）、芥菜成为人们冬春饭碗里的应季食材。早起主妇们在熬煮小米粥或者豆面汤时加上红薯、萝卜和蔓菁，配上芥菜腌制的咸菜或者辛香浓郁的焖菜丝，就是冬季最适口的美食。

蔓菁，即芜菁，当地俗称菜根或小菜根，属十字花科芸薹属，二年生草本，其块根肉质，球形、扁圆形或长圆形，外皮白色、黄色或红色，根肉质白色或黄色，有辛辣味。蔓菁是我国古老的蔬菜之一，块根柔嫩致密，煮食面甜味佳，还可炒食、腌制等。蔓菁含有丰富的维生素、叶酸和钙以及其他微量元素，食用价值很高，也有一定的药用价值。

王金庄的蔓菁主要有3种，分别是小紫菜根、小白菜根、长菜根。小紫菜根的品质最好，表皮紫红色，肉质为紫、白相间的环状纹；小白菜根、长菜根肉质根的皮紫红色，肉为黄白色，这两个品种品质稍差，辛辣味不够浓。蔓菁都是自留种的，第二年开花结籽，开的花和油菜花很像。

蔓菁耐寒，抗病虫，幼苗可耐2~3℃低温，成株可耐轻霜，适合梯田的气候条件。一般于7月中下旬播种，11月中下旬收获，于小雪大雪节气随红白萝卜一起刨挖，亩产约1500公斤。

刨挖出来的蔓菁，先把根茎连接处及以上的叶部去掉，称为刻顶，然后刮去块茎上的须根，有些人家直接在菜地里挖坑窖存；也有人把蔓菁洗净后晾干，装在面袋里，存储到菜窖里；又或者把蔓菁放到缸里保存在比较冷的地方，这样能保持蔓菁的水分，可以存储到来年二月。小时候有个童谣："昨天晚上做了个梦，俩老鼠抬个瓮，瓮里放俩干蔓菁，老鼠咬来咬不动。"可见蔓菁是极耐储存的。

王金庄人吃蔓菁，一般是切成小块，在小米汤或豆面汤中与萝卜、红薯一起煮食。蔓菁略有一股独特的辛辣萝卜味，但又绵面，还有点韧性的嚼头，嚼在嘴里似辣非辣，似辛非辛，回味无穷。抿节饭里也可以放蔓菁，不过放了蔓菁就不能放南瓜了，因为蔓菁和南瓜不和。据刘玉荣回忆说，小时候还喜欢生吃蔓菁，在地里拔下来之后，直接用牙去掉皮只吃里面的芯儿，稍微有点

小紫菜根

小紫菜根繁种

小紫菜根籽粒 　　　　　　　　　蒸小紫菜根

小白菜根繁种

小白菜根

小白菜根繁种

长菜根

长菜根繁种

长菜根的花

芥菜

儿甜，也有点儿辣，很好吃。

此时餐桌上常见的还有芥菜，俗称芥菜疙瘩，属十字花科芸薹属，二年生草本。芥菜在我国栽培历史悠久，叶和块根可以盐腌或酱渍；和萝卜同切成细丝作辣菜食用，种子及全草供药用，种子磨粉为调味料芥末，榨出的油称芥子油；本种为优良的蜜源植物。

在王金庄，大概四分之一的家户会种植芥菜，每户种植的面积不大，够自家食用就可以了，种子也是从市场购买的。芥菜和蔓菁一样，一般在 7 月二伏播种，于小雪大雪节气随红白萝卜一起刨挖，刨挖出来的芥菜，先刻顶，然后刮去块茎上的须根，水洗之后，置于小筐内，同蔓菁一样，存储于地窖内。

在王金庄，人们习惯将芥菜切丝腌制成咸菜。制作方法如下：10 斤芥菜，切成细条，按个人喜好也可切成小块或其他形状，放在小筐中控水备用；准备盐 7 两、酱油 3 斤、醋 2 斤、白糖 7 两、酒 8 两（葱、姜、蒜、八角、花椒、味精据个人口味适量），混合均匀。一切就绪后，拿一瓷盆或玻璃缸，把切好的芥菜放盆里，放一层芥菜撒一层备料，依次放完，最后若有剩余备料，均匀倒入。腌制一周左右就可以享受略有辣味、咸淡适口的小咸菜了。如果再吃上一个王金庄的两掺面馒头，喝上一碗现捣现煮的豆面汤，那就是一顿美味早餐了。

如果不怕麻烦，还可以将芥菜做成焖菜丝。将洗净的 10 斤芥菜，刨或切成细丝备用。另根据个人口味准备配料菜：辣椒 1 斤、芫荽 1 斤、大葱 1 斤、姜 1 斤等作佐料，洗净切碎。花椒炒至金黄变色后研成细末。准备调料，盐、豆瓣酱、油等，根据个人口味适量放。一切就绪后，在大一点的锅内放食用油，加热至 80~90℃，将芥菜丝放锅内爆炒，然后将各种配料菜、花椒末、调料等佐料依次加入，继续爆炒至半生半熟（芥菜丝略微变色，菜汁刚出来）关火，将炒好的焖菜丝掏至准备好的瓮缸，盖严盖子，15 天左右就可以享受独具香辣味的焖菜丝啦。

冬至是驴的生日

驴是王金庄人的"半个家当"，冬至是驴的生日，王金庄人要给驴喂一碗生日面。王金庄的石堰梯田，从山脚到山腰再到山顶，一层一层盘山环绕，建造梯田时，从下到上随处都可能有石崖头、石圪嘴，所以梯田并不是一圈一圈有规则地环绕在山上，而是随着地形建造，有的长点宽点，有的只能种三株五株玉米。耕种这样的土地，自古以来非驴莫属。而当地的石堰梯田在千百年的传承中，崎岖的地形淘汰了牛、筛掉了马，唯有吃苦耐劳、善于爬坡的驴骡适应了此地瘠苦，与王金庄人相依相伴，共同度过一个又一个春种与秋收。毫不夸张地说，王金庄人对驴的感情，流露在眼神中、流淌在心里头，凝缩在冬至喂驴那碗生日面里。

驴最重要的作用就是犁地、种地、驮运粮食和肥料。从春入夏，毛驴驮担着犁头箩筐穿梭在田间地头，狭长窄小的地块中它们频频折返，埋头苦耕。秋天收完庄稼，毛驴把山上所有的梯田犁一遍，春天再犁一遍、边犁边播种。毛驴每年要把整个山上的梯田翻松两遍。驴付出的力气简直无法计算。米面加工、拉碌子拉磨，在过去的年代里完全依靠驴。此外，驴还通过过腹还田，将石堰梯田系统内的有机秸秆等废弃物转换成有机肥，实现了梯田系统的自我循环和可持续发展。

入冬之后，农活没有之前那般繁重，毛驴偶尔需要跟着主人到田地里翻耕一次。驴骡辛辛苦苦一年，在冬至终于可以享受过生日的礼遇。这天人们不仅要给驴喂上好的草料，给它们改善伙食，还要早早起床，用南瓜、小米、各种菜豆和白面条煮一锅素杂面，犒劳毛驴一年的辛苦劳作。

温双和　摄

二十三　小寒·菠菜

天寒地冻一抹绿

红嘴鹦哥碗中汤

　　小寒一般在公历 1 月 5~7 日交节。这时正值"三九"前后，开始进入一年中最寒冷的日子。《月令七十二候集解》有："十二月节，月初寒尚小，故云，月半则大矣。"小寒分为三候：一候雁北乡，二候鹊始巢，三候雉始鸲。

　　小寒节气，冷气积久而寒，"小寒大寒、冻成冰团"，在天寒地冻的数九天里，王金庄的人们除了能往梯田里送一些小粪，就是推碾，加工粮食。谷子是王金庄的主要农作物，小米是当地的特色食物，因此，碾米也是当地粮油加工的主要任务之一。

　　王金庄的碾米工具有大石碾、小石碾和电力碾米机。大碾是由一截一截长约 80 厘米，高、厚约 40 厘米的石槽衔接成直径 5 米的大碾槽，碾槽中心树一碾管芯，碾管芯上穿一碾杆，碾杆上穿出碾盘，用人或毛驴拉动碾杆，碾盘在碾槽中转动，既能脱粒米也能碾面。据记载，元代时村里就有大碾使用。但由于碾子太大，粮少了就不能用大碾加工。现在小米的加工主要是小型石碾，这种石碾有一个直径大约 2.5 米、厚约 30 厘米的圆形磨盘，磨盘上安有碾管芯、碾框、碾杆，碾框上套有一个直径 60 厘

推碾子

米、长约 80 厘米的石碾磙，用人或畜力拉动碾杆。小石碾既能脱粒小米也能碾面，非常轻巧便利。现在村里也有电力碾米机、面粉加工机器的普及，米面加工方式有了更大的改进，而且加工速度得到了很大的提升，石碾一天碾出的谷子，电力碾米机一个小时就可以完成，而且损米少。但用石碾加工小米或面粉，不受电力机器加工时的高温影响，谷物的品质更有保障，所以人们还是喜欢用石碾。

这时的食物，除了小米、玉米、面粉以及豆类之外，就是越冬前储藏的各类菜蔬，包括山药、红薯、萝卜、蔓菁以及各种干菜。这时碗里能够见到的应季绿色蔬菜，也只有红嘴绿叶的菠菜了。

菠菜又名菠菱菜、赤根菜，还有个典雅的名称红嘴绿鹦哥菜。《本草纲目》集解，时珍曰："菠菱八月、九月种者，可备冬食；正月、二月种者，可备春蔬。"菠菜的叶子及根，利五脏，通肠胃热，解酒毒。寒冬腊月，冰天雪地，一片白茫茫的田野间，偶尔在石堰根的雪下面有一小片绿叶菠菜，那将是馈赠给新年最具有意义的美食。菠菜以它墨绿的叶，粉红的根，赢得了人们的喜爱。它的茎叶肥嫩滑利，根味道甜美，凉拌、炒食、做馅、做汤，都很可口。

菠菜生长期短，条播或撒播，覆土要均匀，以保证出苗齐整。菠菜播种的种子实为果实，因果壳太硬，不易吸水，出芽困难。秋播前1周将种子用水浸泡12小时，或放在水温稳定的水窖中浸泡24小时，再在20~25℃的温度条件下催芽，3~5天出芽后即可播种，一般每亩播种5~7斤。菠菜可以起垄，也可以平地撒播，播前一定要施足底肥，要把田块深翻20~25厘米，再把边界耙平。土壤墒情好时，可趁墒撒播种子，或者浅锄约3厘米深的沟，在沟内浇透水，再撒种子，然后耙平畦面，轻轻压实。为保障菠菜冬前生长，最好用一些谷草或塑料薄膜覆盖。一般播种后7天左右就可以发芽出苗。当幼苗高10厘米左右时，要及早去除覆盖物。

在王金庄，菠菜留种比较少，大多数是从市场购买的品种。一般于国庆后播种，可以冬季食用；也可以越冬生长，次年春季食用。菠菜以春季收获者为佳，因其在地里越冬，生长期长，所含养分也较高。

菠菜中大量的纤维素为水溶性的，不仅润肠通便，而且能够促进排出肠道的毒素，从而使人面容红润有光泽。因此，菠菜被列入"十大养颜美容食物"，受到爱美者的青睐。

菠菜的胡萝卜素、叶酸、叶黄素和玉米黄素含量也相当高，但有一个主要的缺点，就是含大量草酸。每100克菠菜中含草酸360毫克，以草酸钙和草酸钾的形式存在，草酸钙不溶于水和胃肠液，不会被吸收，不会对人体健康造成很大的影响。但是，草酸钾的水溶解度很高。菠菜煮汤后，大量草酸钾溶解于菜

菠菜种子

菠菜的繁种

汤中并解离，草酸与其他食物（如牛奶、豆腐、肉类等）中的钙结合，形成不溶于水的草酸钙，使吃进人体的钙不能被吸收。除去菠菜中的草酸需要焯水，100℃的水温可以破坏草酸。菠菜迅速焯过水，可以除去80%的草酸，营养成分丢失并不多，而且口感较好，不再苦涩。焯过的水不应再食用。

菠菜主要是用来熬粥、打汤，颜色翠绿，给冬春时节的餐桌增加一抹亮色。春菠菜吃的时候，要连根一起吃。人们往往习惯仅食用菠菜的茎叶，误认为根老韧不好吃，而将其摘掉。其实菠菜的根是红色的，属于红色食品一类，具有很好的食疗作用，如果抛弃的确可惜。食用春菠菜最好的方法是，将鲜菠菜带根放沸水中烫一下，用芝麻油或芝麻酱拌食，可利肠胃，适于高血压和便秘等病症患者。

炒豆和腊八粥

"小寒大寒，不久过年。"到了腊月，各项活动都伴随着春节的到来而展开。

腊月初一吃炒豆：北方很多地方都有腊月初一吃爆米花、炒豆等习俗，老辈人称之为"咬灾"。民间还流传着这样一些俗语："腊月初一不吃炒，这个起来那个倒"，"腊月初一蹦一蹦，全家老小不得病"。"蹦"取"崩"字谐音，指崩豆子、崩玉米，崩走疾病和灾难。据老人们讲，腊月初一吃炒豆，一是因为炒豆时"噼噼啪啪"就像放鞭炮，预示着快过年了，老百姓开始准备年货；二是为了给孩子们打打牙祭。以前农村生活条件差，小孩子没什么零食，炒豆子吃在嘴里"嘎嘣嘎嘣"，又香又脆，是孩子们最爱的零食了。

腊八节吃籽稠饭：在王金庄，进了腊月，人们第一个期盼的就是腊八节，当地俗称腊八日。"小孩小孩你别馋，过了腊八便是年"，过了腊八，年味儿就一天比一天浓了。一到腊八日，勤快的家庭主妇就会早早起来煮一锅豆籽稠饭。她们头天晚上先把秋后收回来的各类菜豆籽或杂小豆用水泡上，第二天早起把泡好的豆籽或杂小豆先煮一两个小时，再将小米、山药、红薯等一并搁入锅里，继续煮成豆籽稠饭。讲究一点的，还会用土豆丝或干萝卜丝炒一个小菜。吃饭时间大多在日出以前。先用小碗盛一些供奉天地、供奉祖先，再盛一碗放在房顶的楼檐下给麻雀吃，然后才会依序给家里的老人、男人、小孩盛上，最后才是忙了一大清早的主妇。

腊八是麻雀的生日。 供奉天地、供奉祖先，是为了保佑来年风调雨顺，可为什么还要给麻雀一碗小米豆籽稠饭呢？相传，远古时期，北方遭受千年不遇的大旱灾，农民春种夏播的禾苗全被旱死，几次播种都无所获，把家里的种子全部种光了，落得个种子荒。转眼进入腊月，不甘心失败的农民依旧到田地里干活。腊月初八那天，几个农民到山坡上去开荒，突然从远处飞来一大群麻雀，瞬间，从空中落下很多谷子。原来麻雀叽叽喳喳只顾唱，一不小心嘴里衔着的谷子掉了下来。第二年，散落在地上的谷子全部破土而出，绿油油的禾苗布满山冈，秋天的谷穗长势喜人，农民从此获得好丰收。为感谢麻雀散种的救命之恩，农民就把腊八日作为纪念日，于是就有了在腊八日给麻雀过生日的习俗。

还有个说法，是寒冬腊月，万物凋零，小冲儿（即麻雀）在野外没有可吃的，人们要先喂喂小冲儿，希望小冲儿来年不去危害自己的谷子，所以人们会说："小冲儿哎，吃米来，不要去俺地里牵俺谷子来。"

艺影 摄

二十四 大寒·香菜

除旧布新要过年
芫荽饺子满院香

　　大寒一般于每年公历 1 月 20~21 日交节。大寒是天气寒冷
到极致的意思。大寒在岁终，冬去春来，大寒一过，又开始新的
一个轮回。大寒分为三候：一候鸡乳；二候征鸟厉疾；三候水泽
腹坚。大寒节气开始，光照增加，母鸡可以下蛋繁衍了；天气更
加寒冷，征鸟（鹰隼）变得凶狠快速，要强悍抢夺更多食物抵御
寒冷；湖面上的冰会结到湖中央，整个冰面变得非常坚固。

　　大寒节气里，梯田农活依旧很少。梯田里的老农多忙于积肥
堆肥，为开春作准备，或者送粪拾柴、推碾磨面、储藏粮食和菜蔬。
隆冬之际，王金庄人也不缺蔬菜。每家每户存储蔬菜一般靠两个
窖，一是梯田里的地窖，菜地里挖沟或坑，直接把萝卜、白菜等
窖存在地里；二是家里的菜窖。几乎每家每户都有一个小菜窖，
一般是在建造房屋时就提前挖好，小菜窖一般在厢房门口附近的
地下，根据各家人口和房屋的情况，大的有一间房大小，小的有
一米见方，这里冬暖夏凉，即使在冬季温度也能保持在 8℃左右，
里面储备土豆、红薯、菜根、小菜，以及一些秋豆角、扁豆角等
冬春食用的各种蔬菜，近期要吃的萝卜白菜也需要从地窖里转到

棉田套种

芫荽繁种

菜窖中存储。精明的农妇会按照自己的喜好，将各类蔬菜分门别类摆放好，就好比每家都有一个自己的蔬菜小超市，随用随取。

临近春节，农妇们开始除旧布新，备货准备过年了。此时天气虽然寒冷，但因为已近春天，所以不会像大雪到冬至期间那样酷寒。人们赶年集，写春联，腌制年肴，准备年货。而在各种年货当中，香菜是万万不可或缺的辛辣调味蔬菜。

香菜，又名芫荽，为伞形科芫荽属一年生或两年生草本植物，具有强烈的特殊香气。芫荽原产地中海沿岸，西汉时期由张骞从西域带回中国，现在我国华北地区栽培较多。芫荽含有多种对人体有益的成分，具有抑菌、抗氧化、抗炎症、抗糖尿病等功效，有强烈香气的品质为佳。

芫荽从春到秋都可以种植，生长期50~60天，抗逆性较强，不易发生病虫害。在王金庄，最常见的还是春天种植芫荽，或者种在菜地里，或者种在家里的花盆里，吃的时候随时薅两把就行。现在村里种的香菜，一般都是买的种子，自家留种的不多。12月中旬的时候，喜欢吃芫荽的农户就会在自家花盆里撒上芫荽的种子，这样到过年的时候刚刚好吃上新鲜的芫荽。过年吃芫荽，先把芫荽切小段，加上香油、蒜和醋等调味品，作为扁食的蘸料，就是最普通又最美味的。

王金庄过年习俗

"二十三，过小年儿。"常言说，腊月二十三的早晨是凡界各路神仙开会的日子，向玉帝汇报凡界人们劳动、做事、生活的情况，以便惩恶扬善。所以人们在腊月二十三的早晨天不亮就对天地爷、灶王爷、家堂爷烧香上供，拜请各路神仙在玉帝面前为自家说句好话。

早上五六点钟，天还很黑，婆婆便在新换的天地爷神像前小心翼翼地摆上饼干，然后点上香火和蜡烛，并虔诚地跪下磕三个响头，祈求来年风调雨顺，家人身体健康平安，万事顺心遂意。

280

进入二十三，就进入年节时光了，二十三的中午，一般会吃韭菜肉馅扁食。由于家里人口较多，需要提前包扁食。中午煮好扁食，按祖上传下来的规矩，先盛一碗给公公婆婆，然后再让孩子们开吃。小时候母亲也是这样陪我们过年的，先给奶奶盛一碗，我们再开吃。

　　如果家里当年翻盖或修建新房子，没谢过土地爷，便在小年前一天炸小麻糖供奉给土地爷。先用面粉加水和面，擀成面片，切出 2~3 厘米宽、5~6 厘米长的面片，将两片重叠，在中间竖划一刀，一端从中间掏出来，放在六七成热的油锅里炸，炸出 100 个小麻糖，只能用来供奉给土地爷，人是不可以吃的。如果盖房子时已经谢过土地爷，可以用一些小饼干或者其他糕点代替。

　　"二十四，扫房子。"俗话说"祭灶扫尘迎小年"，每年腊月二十四，各家各户都要进行大扫除，把屋里的家什全部搬到院里，土炕上的被褥、苇席和席子下面铺的谷草，都要拿到房顶上抖擞晾晒。屋子搬空后，开始扫屋子，高处够不着，就在笤帚上绑一根棍子，特别要注意把角角落落的蜘蛛网打扫干净。

　　二十四扫房子的习俗源自一个传说。古人认为人的身上都附有一个三尸神，他像影子一样，跟随着人的行踪，形影不离。三尸神是个喜欢阿谀奉承、爱搬弄是非的家伙，他经常在玉帝面前造谣生事，把人间描述得丑陋不堪。久而久之，在玉皇大帝的印象中，人间简直是个充满罪恶的肮脏世界。一次，三尸神密报，人间在诅咒天帝，想谋反天庭。玉帝大怒，降旨迅速查明人间犯乱之事，凡怨忿诸神、亵渎神灵的人家，将其罪行书于屋檐下，再让蜘蛛张网遮掩以作记号。玉帝又命王灵官于除夕之夜下界，凡遇到有记号的人家，满门斩杀，一个不留。三尸神见此计即将得逞，乘隙飞下凡界，不管青红皂白，恶狠狠地在每户人家的屋檐墙角做上记号，好让王灵官来个斩尽杀绝。

　　正当三尸神在作恶时，灶君发觉了他的行踪，急忙找来各家灶王爷商量对策。灶王爷想出了一个好办法，于腊月二十四日起，到除夕前，每户人家必须把房屋打扫得干干净净，哪户不清洁，灶王爷就拒不进宅。于是大家遵照灶王爷升天前的嘱咐，清扫尘土，掸去蛛网，擦净门窗，把自家的宅院打扫得焕然一新。王灵官除夕奉旨下界查看时，发现家家户户窗明几净、灯火辉煌，人们团聚欢乐，人间美好无比。王灵官找不到表明劣迹的记号，心中十分奇怪，便赶回天上，将人间祥和安乐、祈求新年如意的情况禀告玉帝。玉帝听后大为震怒，降旨拘押三尸神，下令掌嘴三百，永拘天牢。

这次人间劫难多亏灶王爷搭救，才得幸免。为了感激灶王爷为人们除难消灾、赐福瑞祥，人们在腊月二十三日包扁食、放鞭炮，把操劳了一年的灶神爷送上天，到新年初一"五更"再放鞭炮把灶神爷接回来，还要在灶壁旁贴上这样的对联："上天言好事，下界保平安"或"上天言好事，回宫降吉祥"。

"二十五，磨豆腐。"小时候，每到腊月，要筛选黄豆，将一些破粒、有虫孔的豆子挑选出去，将豆子在磨面坊磨烂，然后拿回家在柴火大锅里煮开，再用纱布过滤，点上石膏，最后将豆汁倒在纯白粗布包单里，用磨盘石把豆腐压住。

腊月二十七八，蒸馒头、蒸包子、炸焦叶。腊月二十五六，就开始发面。记得小时候，家里烧的是蜂窝煤，比较冷，白天母亲总将面盆放在炕上，用开水灌几个暖瓶，放在面盆周围，然后盖上几层棉被将面盆包起来，晚上再将面盆放在火炉旁。一两天后，母亲轻轻地掀开棉被，犹如看襁褓中的婴儿，直到面团中有很多小气泡溢满面盆，一股醇香的老醇味迎面扑来，弥漫在整个屋子，面团便可以开蒸了。

将碱面加水和好，倒入面盆，开始揉面。揉面是个力气活，需要使内劲，白白的面团一会儿就被母亲揉得光滑无比，而父亲则在灶火旁加柴禾烧火，红彤彤的火苗不停地跳跃着，映照着父亲的面庞。

母亲拿着面团在案板上轻揉几下，用手心将面团压扁，然后用擀面杖擀出一个圆饼，上面撒上盐巴和葱花，倒上香油，卷起来并切成一个个剂子。这剂子在母亲手里一晃眼就变成了一个个精巧的花卷。哥哥爱吃糖角，我爱吃包子，这面团就在母亲手里不停变幻着，每样都做一些。

炸焦叶虽然也用发面，但面需要很软，所以需要单独一个面盆发面。揉好的面团先用擀面杖擀成一个圆饼，用刀竖切几下，然后侧刀将面饼切成一个个菱形状，最后放在六七成热的油锅里炸。焦叶是我们全家的最爱，所以父母每年都一定炸焦叶。

　　蒸馒头、炸焦叶，是王金庄村民几百年的传统习俗，承载了王金庄人对美好生活的向往和无限想象，更承载了父母对孩子们无私的爱。

　　除夕上午贴对联。对联俗称"对子"，有"穷横联，富对子"之说，即横联纸要小，对子纸要肥。即使柴门小户，也很讲究字句、书法，多求人撰写，内容不外乎吉祥如意、人寿年丰之类。此外，还在树上贴"树大根深"，院里贴"满院春光"，石磨上贴"白虎大吉"，石碾上贴"青龙大吉"，牲口圈里贴"六畜兴旺"，鸡圈上贴"鸡肥蛋大"，粮囤上贴"米麦满仓"，衣柜上贴"衣服满箱"，风箱上贴"手动风来"，梯子上贴"上下平安"，炕头上贴"身卧福地"。家中所供奉的一切神位，均重新书写和张贴对联。戏台、庙宇、商号等各张贴行业对联。除夕这天，晚辈要到长辈处（若无长辈，弟到兄家）相聚，叙叙家常，平时有不周到处求相互谅解。有纠纷之事，通过长辈沟通解决。邻居、好友多在饭后串门，问候过年准备情况，并道明年再见。妇女多在家捏初一"五更"的扁食，为儿女拿出新衣，一两点就燃鞭炮，直到天亮，有的整夜不睡，称作守岁。

　　三十日，吃扁食。扁食就是饺子，形状像元宝一样。包扁食时，人们往往将小小的硬币放到馅里面，谁要是吃到这枚硬币，寓意吃到钱财，来年钱财滚滚来。扁食的皮儿，一般是白面和成，也有用白面、玉米面两掺，馅有白萝卜条或胡萝卜条配上羊肉、猪肉，也有素馅。吃胡萝卜肉馅扁食是过年时的传统。

　　村民们在这天都要在天地爷、灶王爷、家堂爷像前摆上供品，上香，然后到自家祖坟祭祀祖先，向祖先讲述这一年发生的事情，祈求祖先保佑家人身体健康，一切顺心顺意。也有村民到黄龙庙上香，祈祷来年风调雨顺，国泰民安。

（文／刘玉荣）

温双和／摄

后记

　　河北涉县旱作石堰梯田系统 2013 年开始组织申报中国重要农业文化遗产，2014 年被农业部认定为中国重要农业文化遗产之后，2015 年 4 月下旬有幸结识中国农业大学孙庆忠教授，从此展开了为之奋斗十年的全球重要农业文化遗产申遗之路。在孙庆忠教授的教导指引下，为系统挖掘涉县旱作梯田的生态、经济、文化价值，激发遗产地广大农民群众参与梯田保护的意识，2017 年梯田核心区王金庄成立了涉县旱作梯田保护与利用协会（以下简称"梯田协会"），2018 年 11 月孙庆忠教授带领农民种子网络宋一青研究员、乐施会刘源博士等一行到王金庄考察。

　　以此为契机，我们于 2019 年 4 月开始组织梯田协会开展一系列的梯田农耕文化挖掘工作。其中一个重要成果，就是以梯田协会妇女会员为主，开展的"涉县旱作梯田系统传统作物农家种普查和农业生物多样性保护与利用"活动。先后有王月梅、曹翠晓、王翠莲、张景峦、李分梅、付社虫等参与农家种作物种质资源普查和田间种植鉴定工作。为充分展示普查成果，在农民种子网络的支持下，2019 年 12 月我们在王金庄建起了华北地区首家"农民种子银行"。

　　之后，涉县农业农村局农业文化遗产团队的王海飞、刘国香、贾和田等技术人员，对涉县旱作石堰梯田的农业生物多样性和饮食文化进行进一步挖掘，对收集到的作物品种进行田间种植

286

鉴定、品种性状记录，对农户走访了解其传承留种、饮食文化，初步总结了王金庄传承和保留的作物多样的品种资源以及饮食文化。"作物品种志"与"作物文化志"，虽然只有两字之差，其内涵却大相径庭。作物品种志起初是计划以传统品种的田间性状表现、饮食方法等为主要内容，来记录各个作物品种。初稿形成后，在孙庆忠教授的多次指导下，我们对初稿进行了多次大幅度修改，从而使其渐具文化特质。为更具可读性，在责任编辑李争老师和乐施会何锦豪老师的协调下，农民种子网络的李管奇、张艳艳、田秘林再次深入王金庄走访农户，采访调查，进一步丰富了作物志的文化内涵。

至此，倾心十年不懈努力，又经过四个春秋的打磨，三个团队的精心合作，数易其稿，这部集体创作的《食材天成：河北涉县旱作石堰梯田作物文化志》终于成稿交付了。本书的资料多来自田间调查、农户采访、座谈记录，同时参阅了《王金庄村志》，收录了李彦国、王林定等人的简书内容和文字，对参考资料的作者、提供资料的人员，以及在梯田作物农家种普查和本书编撰过程中，给予大力支持的涉县农业农村局、井店镇党委政府、农民种子网络、梯田协会、摄影师秋笔，在此一并表示感谢。

贺献林

2022 年 12 月 18 日

图书在版编目（CIP）数据

食材天成：河北涉县旱作石堰梯田作物文化志 / 贺献林等著 . -- 上海：同济大学出版社，2023.3
（全球重要农业文化遗产·河北涉县旱作石堰梯田系统文化志丛书 / 孙庆忠主编；3）
ISBN 978-7-5765-0629-7

Ⅰ．①食… Ⅱ．①贺… Ⅲ．①梯田—文化遗产—研究—涉县 Ⅳ．① S157.3

中国国家版本馆 CIP 数据核字 (2023) 第 001818 号

全球重要农业文化遗产
河北涉县旱作石堰梯田系统文化志丛书

食 材 天 成
河北涉县旱作石堰梯田作物文化志

贺献林 等著

出 版 人　　金英伟
责任编辑　　李争
责任校对　　徐逢乔
装帧设计　　彭怡轩
版　　次　　2023 年 3 月第 1 版
印　　次　　2023 年 3 月第 1 次印刷
印　　刷　　上海安枫印务有限公司
开　　本　　890mm×1240mm　1/32
印　　张　　9
字　　数　　242 000
书　　号　　ISBN 978-7-5765-0629-7
定　　价　　98.00 元
出版发行　　同济大学出版社
地　　址　　上海市杨浦区四平路 1239 号
邮政编码　　200092
网　　址　　http://www.tongjipress.com.cn
经　　销　　全国各地新华书店

luminocity.cn

"光明城"是同济大学出版社城市、建筑、设计专业出版品牌，致力以更新的出版理念、更敏锐的视角、更积极的态度，回应今天中国城市、建筑与设计领域的问题。